中等职业教育国家规划教材
全国中等职业教育教材审定委员会审定

计算机组装与维修实训

第5版

（计算机及应用专业）

刘瑞新　吴　丰　主编

机械工业出版社

本书是“中等职业教育国家规划教材”之一，按照教育部最新制定的《计算机组装与维修实训课程教学大纲》编写，是《计算机组装与维修（第5版）》（ISBN 978-7-111-55389-2）的配套教材。

本书提供10个实训，内容包括微机硬件的组装、BIOS设置与调整、操作系统的安装与体验、计算机主要硬件的检测、笔记本电脑的维护、常用外设的安装与设置、局域网的组建、计算机病毒防治、微机的日常维护、微机常见故障的判断及排除。本书内容新颖，涵盖了计算机维护、维修人员所应熟悉和掌握的基本知识。从计算机各板卡、部件的安装、设置到计算机网络组建，从软件故障排除到硬件故障的分析处理，本书均有详细的讲解。

本书可作为中职和中专相关专业的教材，供学生实训和阅读。

图书在版编目（CIP）数据

计算机组装与维修实训 / 刘瑞新，吴丰主编. —5版. —北京：机械工业出版社，2016.8（2024.1重印）
中等职业教育国家规划教材
ISBN 978-7-111-55334-2

Ⅰ. ①计…　Ⅱ. ①刘…　②吴…　Ⅲ. ①电子计算机－组装－中等专业学校－教材②计算机维护－中等专业学校－教材　Ⅳ. ①TP30

中国版本图书馆CIP数据核字（2016）第267450号

机械工业出版社（北京市百万庄大街22号　邮政编码100037）
策划编辑：鹿　征　　责任编辑：鹿　征
责任校对：张艳霞　　责任印制：郜　敏

中煤（北京）印务有限公司印刷

2024年1月第5版·第5次印刷
184mm×260mm·10印张·236千字
标准书号：ISBN 978-7-111-55334-2
定价：39.00元

电话服务
客服电话：010-88361066
010-88379833
010-68326294

网络服务
机　工　官　网：www.cmpbook.com
机　工　官　博：weibo.com/cmp1952
金　书　网：www.golden-book.com
机工教育服务网：www.cmpedu.com

前　言

本书是教育部“中等职业教育国家规划教材”之一，内容按照教育部最新颁发的《计算机组装与维修实训课程教学大纲》编写。本书是《计算机组装与维修（第 5 版）》（ISBN 978-7-111-55389-2）的配套实训教材，在第 4 版的基础上对已老化的知识进行了更新和删减，并针对目前计算机应用的实际情况补充了部分新的知识和技术。

本书按照实训的形式编排，使读者通过本实训课程的学习和操作，锻炼和培养实际操作技能和解决问题的综合能力，加强对知识的理解和掌握，提高软硬件安装水平和排除故障的能力。

本书从实际操作出发，以微机硬件的组装、BIOS 设置与调整、操作系统的安装与体验、计算机主要硬件的检测、笔记本电脑的维护、常用外设的安装与设置、局域网的组建、计算机病毒防治、微机的日常维护、微机常见故障的判断及排除为主线，指导读者完成计算机组装、维护与维修的全过程。

本书内容新颖，涵盖了计算机维护、维修人员所应熟悉和掌握的基本知识。从计算机各板卡、部件的安装与设置到计算机网络组建和网络服务，从软件故障排除到硬件故障的分析处理，本书均有详细的讲解。

本书由刘瑞新、吴丰主编。其中，吴丰编写第 2、5、6、7、10 章，张新红编写第 6 章，徐博文编写第 1、9 章，彭战松编写第 3 章，刘瑞新编写第 4 章，崔瑛瑛、骆秋容、徐云林、庄建新、李东阳、马飞、刘大学、缪丽丽、翟丽娟编写第 8 章及进行课件制作、图片拍摄和处理。全书由刘瑞新教授统编定稿。

书中部分内容参考了网上资料，由于参考内容来源广泛，篇幅有限，恕不一一列出，在此一并对相关作者表示感谢。

由于作者水平有限，书中难免有错误或不妥之处，恳请读者批评指正。

作　者

目　录

实训 1　微机硬件的组装

本节实训内容将详细介绍计算机硬件组装的全过程，主要包括组装前的准备、硬件的安装、硬件的连接等。通过本实训的练习，不仅能够熟悉微机组成的各个部件，而且还能夯实计算机硬件的基本知识。最为重要的是，学会计算机硬件的组装，就能够在计算机出现问题的时候自己打开机箱，检查计算机哪里出现了问题，不用再求助别人。

1.1　实训任务

通过本节实训内容，读者亲自动手对硬件进行组装，可加深对计算机硬件的认识。学习使用计算机散件组装计算机，着重培养读者的动手操作能力，在熟悉计算机硬件知识的基础上，增强判断硬件故障的能力。

1.2　实训准备

1．必备工具

在组装计算机前，还需要准备一些必备的装机工具，以便安装有条不紊地开展，如图 1-1 所示。

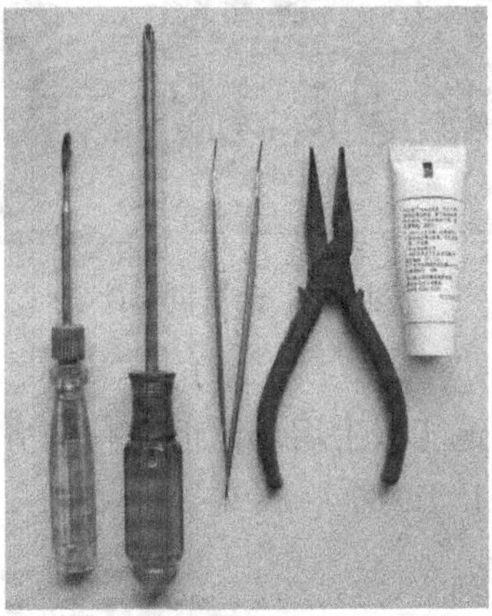

图 1-1　必备工具

（1）十字口螺钉旋具

由于固定计算机硬件的螺钉全都是十字形的，所以需要准备一把十字口螺钉旋具用于拆卸和安装。如果条件允许，最好准备一把带有磁性的螺钉旋具，因为在安装过程中，计算机机箱空间有限，一旦螺钉掉落，就可以利用磁性螺钉旋具吸住螺钉，十分方便。这是组装计算机最为重要的工具。

（2）平口螺钉旋具

主要用于辅助安装，拆卸产品包装盒、包装封条和机箱挡板等。

（3）尖嘴钳

机箱后面有一排挡板，一般用手来回折几次挡板就会脱落，但有些材质较硬，需用尖嘴钳协助拆卸挡板。

（4）镊子

用来夹取跳线帽、细小的螺钉、螺帽等小零件。

（5）导热硅脂

为使 CPU 与散热器接触更为紧密，将导热硅脂涂抹在 CPU 与散热器之间的缝隙中，以增强硬件的散热效率。在选购时一定要购买优质的导热硅脂。

（6）电源插座

排型插座用来测试组装完成后的计算机是否能正常运行。

2．计算机配件

用于组装计算机的一套配件，包括 CPU、CPU 风扇、主板、硬盘、光驱、显卡、机箱电源、键盘、鼠标、显示器、各种数据线和电源线等，如图 1-2 所示。

图 1-2　计算机配件

3．常用辅助用品

辅助用品在装机过程中不一定能派上用场，但在有些情况下还是不可缺少的。应准备好这些用品，以备不时之需，如图 1-3 所示。

a)　b)　c)

图 1-3　辅助用品

a）工作台　b）器皿　c）捆扎带

（1）工作台

为了方便进行安装，整个装机过程最好是在一个高度适当、面积宽敞的台面上进行。

（2）器皿

装机过程中会用到一些小的零件和五金配件，可准备一个器皿来放置这些小零件，防止丢失。

（3）捆扎带

捆扎带用于捆扎组装完成后机箱内凌乱的连线。

4．装机前注意事项

装机准备工作完成后，在装机前还需注意以下事项。

（1）防静电

人体所携带的静电会对精密的电子元件形成很大的威胁，譬如内部短路和元件损坏等，因此在组装计算机前应该释放身上所携带的静电。用手触摸一下自来水管、洗手或者配戴防静电手套都是很好的解决方法。

（2）防潮湿

在组装计算机硬件的过程中，需要保证所有元件的干燥。这是因为水分附着在配件的电路上，很可能造成短路甚至造成配件的损坏，所以在组装过程中要注意不要让手心的汗沾湿配件。

（3）防粗暴

安装过程中，一定要使用正确的安装方法，在不知道怎样安装的情况下要仔细查看说明书，严禁粗暴装卸配件。另外，计算机配件的接口都有防误插设计，如果安装位置不到位，再加上用力过猛，很容易造成配件的损坏，尤其是那些带有针脚的配件很容易使针脚折断或变形。对于某些板卡，安装位置如果不对，再加上强行使用螺钉固定，很容易造成板卡变形、接触不良等情况。

（4）防接触不良

在对各个配件进行连接时，应该注意插头、插座的方向，如缺口、倒角等。插接的插头、插座一定要完全插入，以保证接触可靠。另外，在拔插时不要抓住连接线拔插头，以免损伤连接线。

（5）轻拿轻放

计算机配件制作精密，在安装过程中要轻拿轻放，尤其对硬盘等配件，更要注意。

1.3 实训实施

1.3.1 安装 CPU

CPU 是整个计算机的核心精密配件，一般应在机箱外首先安装，避免将主板安装后机箱内空间太小影响 CPU 的顺利安装，具体安装过程如下。

1）将主板取出平放在桌面上，最好在主板下面垫上一层胶垫，以防在安装配件过程中压坏主板上的针脚。

2）把主板上 CPU 插座旁边的手柄轻微向外掰开，同时将手柄拉起，此时 CPU 插座会向旁边发生轻微侧移，这表明 CPU 可以插入了，如图 1-4 所示。

3）将 CPU 从包装盒中取出，观察 CPU 针脚那一面，在 CPU 的 4 个角中，有一个角的表面上有三角标志，如图 1-5 所示，而在主板的 CPU 插座上面也有对应的三角标志，两者对齐安装即可，如图 1-6 所示。

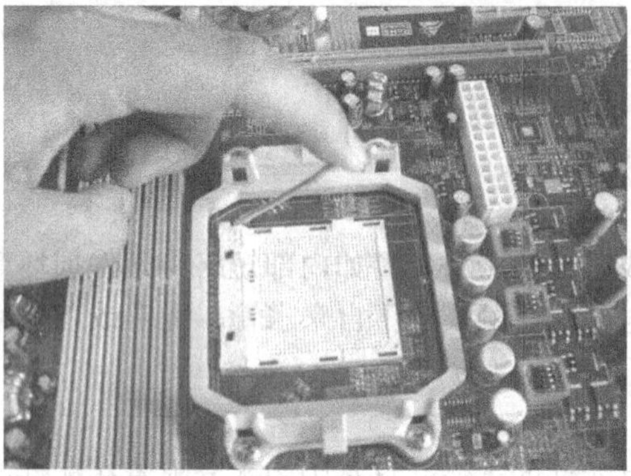

图 1-4　外掰并拉起 CPU 插座手柄

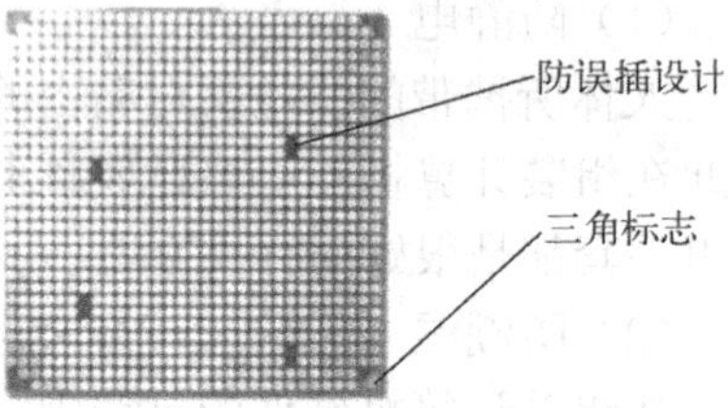

图 1-5　CPU 针脚面

4）待 CPU 顺利插入插座后，将手柄按照逆过程重新恢复原位，这时整个 CPU 的安装过程结束，如图 1-7 所示。

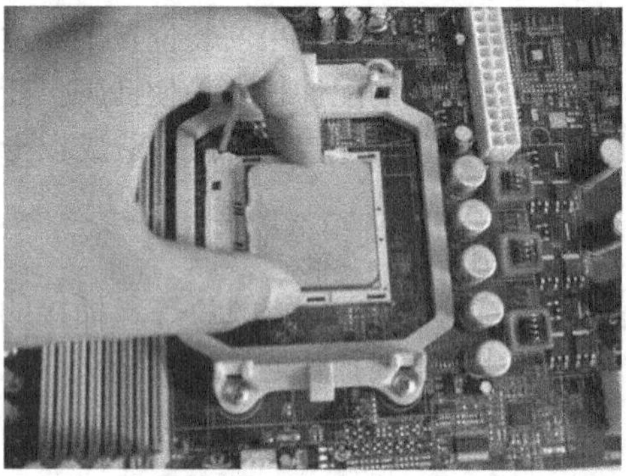

图 1-6　将 CPU 插入主板插座

图 1-7　下压手柄固定 CPU

1.3.2　安装 CPU 散热器

由于 CPU 的发热量很大，选择一款性能良好的散热器十分重要。但如果散热器安装不当，那么散热效果也会大打折扣。安装的主要步骤如下。

1）正确安装 CPU 后，在 CPU 的表面上均匀涂抹一层导热硅脂。这是因为，导热硅脂能将 CPU 的热量传导至散热装置，从而有效地提高散热效率。如果 CPU 表面没有涂抹导热硅脂，在计算机运行期间很可能导致死机，甚至烧毁 CPU。

2）将 CPU 散热器对准主板相应位置，平稳地放置在主板上的固定支架内，如图 1-8 所示。接下来，将散热器两边的金属扣挂在支架对应的卡口内，然后用力下压扣具的手柄，使散热器与 CPU 紧密结合，如图 1-9 所示。需要指出的是，CPU 散热器种类繁多，安装过程不尽相同，具体情况还需参照说明书。另外，在安装过程中要保证散热器的平稳，用力适中即可顺利完成安装。

图 1-8　安装 CPU 散热器

图 1-9　扣压散热器手柄

3）固定好散热器后，找到 CPU 散热器的电源线，将散热器风扇连接到主板的供电接口上，如图 1-10 所示。另外，由于主板风扇电源插头都采用了防误插设计，反向或插口不对是无法插入的，因此安装起来非常方便。待电源线插好后，CPU 散热器的安装就完成了。

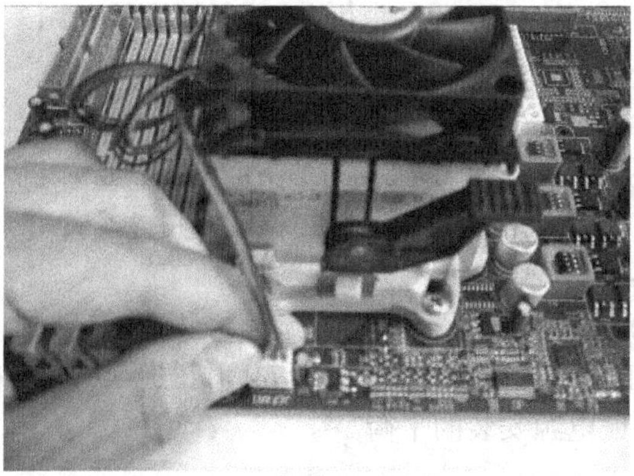

图1-10　连接CPU散热器的电源线

1.3.3　安装内存条

在 CPU 的旁边有 4 条插槽，这就是内存条所要安装的位置。在主板中，内存条插槽一般设计成两种颜色，以方便用户搭建双通道功能。具体怎样激活主板双通道功能，请参看对应的主板说明书，这里只介绍内存条的安装过程。

1）在安装内存条前，先用双手把内存条插槽两端的卡子向两侧掰开，如图 1-11 所示。

2）将内存条平行地放入内存条插槽内，并用力下压，听到“啪”的一声响后，卡子恢复到原位，说明内存条安装到位，如图 1-12 所示。如果内存条插到底，两端的卡子不能够自动归位，可用手将其推到原位。

图 1-11　将卡子向两端掰开

图 1-12　安装内存条

此外，内存条也采用了防误插设计，内存条的一边有一个不对称的凹槽，这个凹槽刚好与内存条插槽中的凸点（隔断）相对应，在插入内存条时一定要仔细观察内存插槽，以免暴力安装，造成内存条的损坏。

1.3.4　安装机箱电源

通常情况下，购买机箱的时候机箱电源已经安装在机箱中了。不过，有时机箱自带的电源品质不能够保证，或者不能满足用户的需要，则需重新购买机箱电源。ATX 电源提供多组插头，如图 1-13 所示，主要作用就是把 220V 的交流电转换为计算机内部使用的 3.3V、5V 和 12V 直流电源。

图1-13　ATX电源插头

1）将电源带有风扇并且有 4 个螺纹孔的那一面向外，放入机箱内部。在放入过程中，对准机箱上电源的固定位置，将 4 个螺纹孔对齐，如图 1-14 所示。

2）左手控制好电源的位置，右手使用螺钉旋具将 4 个螺钉拧上，如图 1-15 所示。需要注意的是，刚开始拧螺钉的时候无需拧紧，待所有螺钉拧上后，再依次按照对角线方式拧紧 4 个螺钉，这样做能够保证电源安装的平衡。

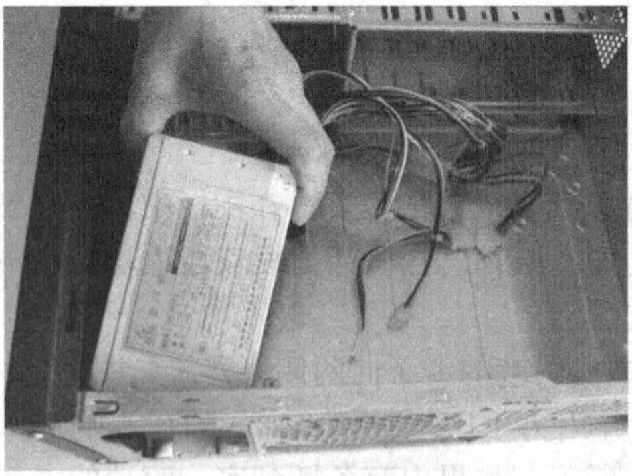

图 1-14　安装电源

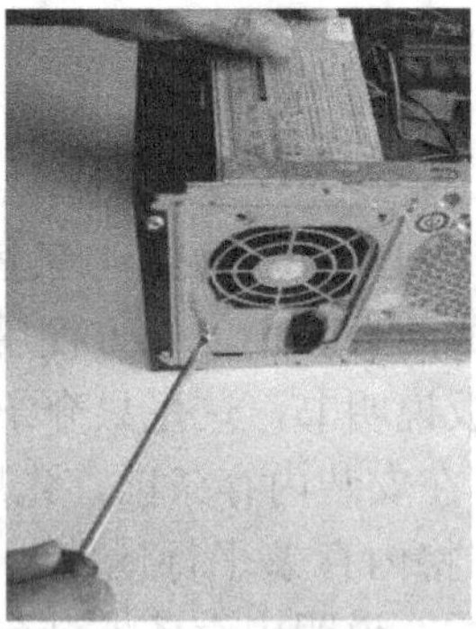

图 1-15　固定电源

1.3.5 安装主板

机箱的整个机架由金属组成，是计算机各部件的安放场所。虽然不同品牌的机箱内部构造不尽相同，但是内部固定配件的规格还是统一的，如图 1-16 所示。

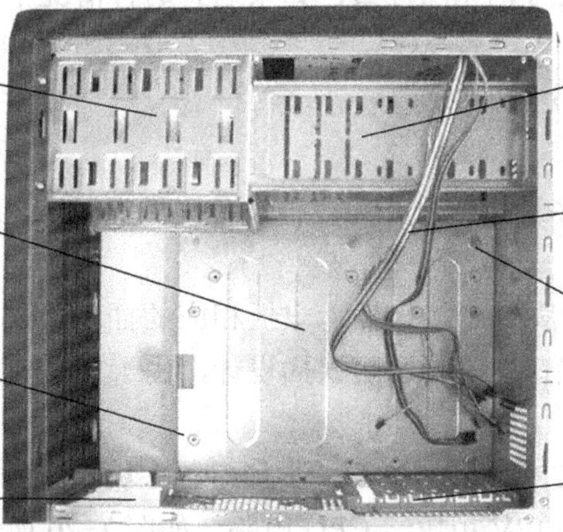

图 1-16　机箱内部构造

机箱底部有一大块铁板，用来固定主板，称之为底板。底板上有许多固定孔，可以将垫脚螺母（铜柱）或塑料钉固定其中，以便固定主板。5.25in 固定架主要用于安装光驱，3.5in 固定架主要用于安装 3in 硬盘等，机箱连接线用于连接机箱的控制面板，机箱背部的挡板主要用来固定板卡。安装主板的具体操作如下。

1）将机箱平放在工作台上，取出主板附带的垫脚螺母（铜柱）和塑料钉，选择合适的孔位，将这些螺钉拧在机箱的底板上。

2）将机箱背部 I/O 接口区域的密封片去掉。这些密封片与机箱是一个整体，可以根据主板接口的情况，将对应位置的密封片去掉。在去掉这些密封片过程中，可以首先使用平口螺钉旋具将其顶部撬开，然后用尖嘴钳将其掰下。对于机箱背部的挡板，可以根据安装的外加板卡多少来决定，不要将所有挡板都取下。

3）将主板一侧倾斜，轻轻放入机箱，然后再将主板放平，如图 1-17 所示。需要注意的是，主板上的固定螺纹孔一定要对齐机箱内部的螺柱。

4）根据垫脚螺母（铜柱）的位置，将 6 个螺钉拧入指定位置，如图 1-18 所示。

图 1-17　安装主板

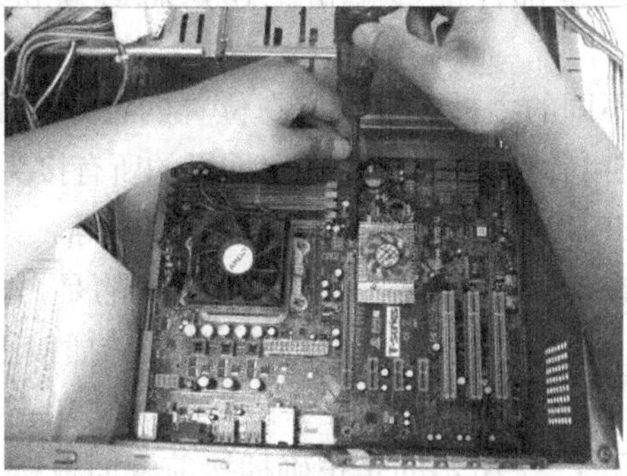

图 1-18　拧紧主板螺钉

需要提醒读者的是，在安装主板过程中，机箱配备多种螺钉，它们大小不一，长短不同，应该找到与主板匹配的螺钉拧入。另外，有些机箱质量低下，螺母的安装位置根本无法与标准的主板相对应，螺钉也无法拧紧，如果遇到这种情况千万不要强行安装，避免主板因受外力变形而造成损坏。

1.3.6 连接电源线

ATX 机箱电源具有多种接口，并为多种设备提供电源，只有正确连接后才能为计算机内部的各个部件供电。

将机箱电源的 24 针脚供电接口插入主板相应的插座上，如图 1-19 所示。这根电源线为主板供电。同样，该接口也进行了防误插设计，由于材质较为坚硬，在安装时用力要特别注意。

主板还配备了专为 CPU 供电的 4 针脚接口，在机箱电源线中找到此连线，将其插在对应的插座中。此连线提供 12V 电压给 CPU 电路，如图 1-20 所示。

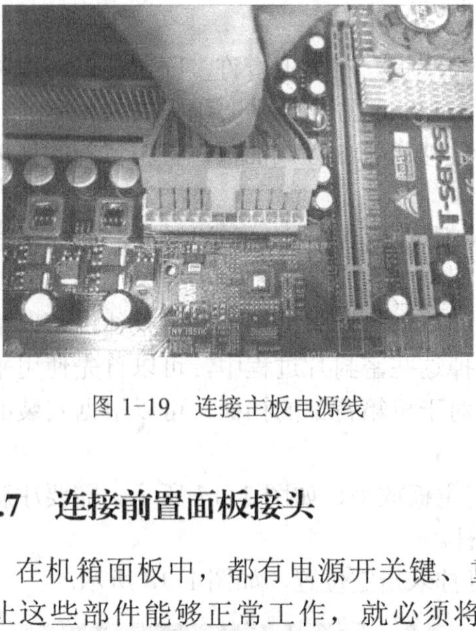

图 1-19　连接主板电源线

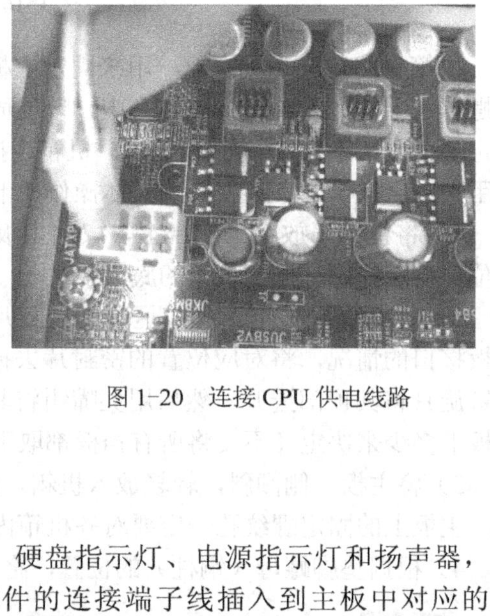

图 1-20　连接 CPU 供电线路

1.3.7 连接前置面板接头

在机箱面板中，都有电源开关键、重启键、硬盘指示灯、电源指示灯和扬声器，要想让这些部件能够正常工作，就必须将这些部件的连接端子线插入到主板中对应的插针上。

不同的主板在插针所在位置的设计上是不同的，连接此部分时一定要注意查看主板说明书。图 1-21 所示的就是前置面板的所有接头，包括 POWER SW、POWER LED、SPEAKER、RESET SW、SPK/MIC 和 HDD LED 等。

在连接过程中，需要特别注意的是，主板的电源开关、RESET 开关这种设备是不分方向的，只要在主板上找到对应的插针插接上即可。而 HDD LED（硬盘指示灯）和 POWER LED（电源指示灯）由于使用的是发光二极管，所以有方向之分，在插接过程中要特别注意。图 1-22 所示的是正确插接前置面板接头后的样子。

图 1-21　前置面板的接头

图 1-22　正确插接前置面板接头

1.3.8　安装光驱

1）在机箱 5.25in 驱动器安装的位置上，将前挡板去掉，然后将光驱从机箱外部轻轻地滑入机箱内部，如图 1-23 所示。

2）调整光驱的位置，使光驱的 4 个螺丝孔与机箱上的螺丝孔对齐，再分别将螺丝拧紧即可，如图 1-24 所示。

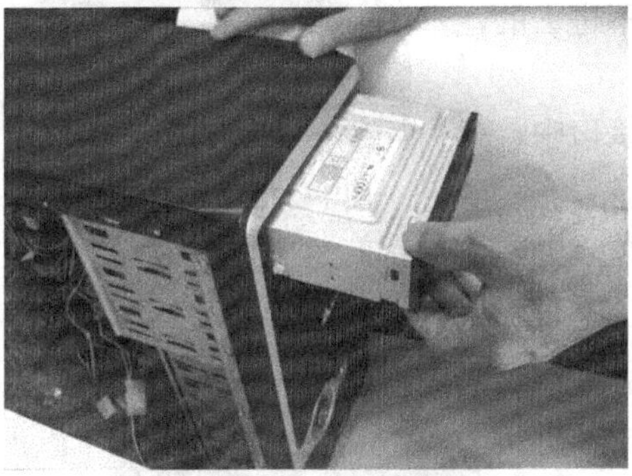

图 1-23　安装光驱

图 1-24　拧紧光驱螺丝

这里需要注意的是，光驱两侧各有 2 个螺丝孔，在固定 4 个螺钉的时候，依次按照对角线方式拧紧，切忌一次将某个螺钉拧紧。

1.3.9　连接光驱数据线

光驱和硬盘等 IDE 设备的连接稍微复杂一点，由于本实例中硬盘是以 SATA 接口为例，所以这里着重介绍 IDE 接口光驱数据线的连接，硬盘数据线的连接详见本书 1.3.10 节的内容。

本例中的主板有一个 32 位增强型的 PCI IDE 控制器，可以提供 PIO 模式 0～4、总线控制模式和 Ultra DMA33/66/100/133 功能。另外还提供了一个标准的软盘接口，如图 1-25 所示。

每根 IDE 数据线有 3 个接口，分别为蓝色、黑色和灰色，如图 1-26 所示，其中蓝色接头（SYSTEM）连接主板的 IDE 接口，黑色接头（MASTER）与主盘相连，灰色接头（SLAVE）与从盘相连。

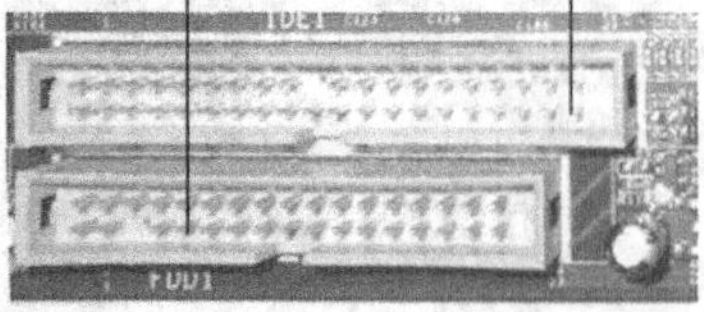

图 1-25　主板上 IDE 接口

图 1-26　IDE 接口数据线

在同一根 IDE 接口数据线中，如果连接两个 IDE 接口设备，则其中一个是主盘，另一个为从盘。硬盘在出厂的时候默认跳线设置为主盘，光驱默认跳线设置为从盘，在安装时无需再进行跳线设置。如果一条 IDE 接口数据线连接两块硬盘，就需要将其中一块硬盘的跳线设置成从盘，否则将无法启动系统，具体的跳线设置可参看相关说明书。

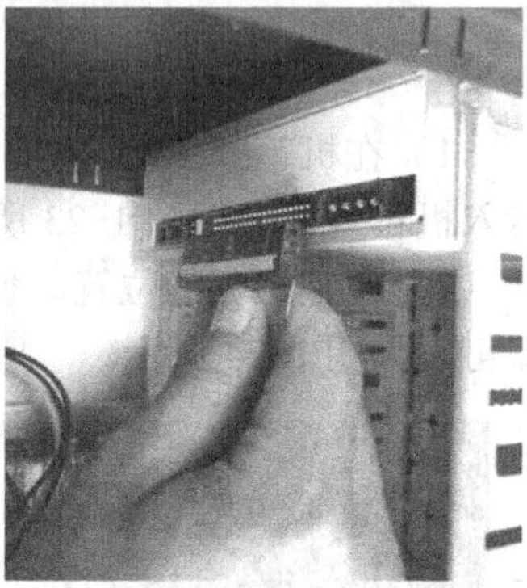

图 1-27　连接光驱数据线

1）取出 IDE 数据线，将数据线的一端与光驱 IDE 接口相连。IDE 接口也有防误插设计，插反或插错都是插不进去的，如图 1-27 所示。

2）将数据线的蓝色接口端插入主板上的 IDE 接口中，如图 1-28 所示。

3）从机箱电源插头中，找出对应的插头，将光驱电源线连接至光驱，如图 1-29 所示。

图 1-28　将数据线连接至主板

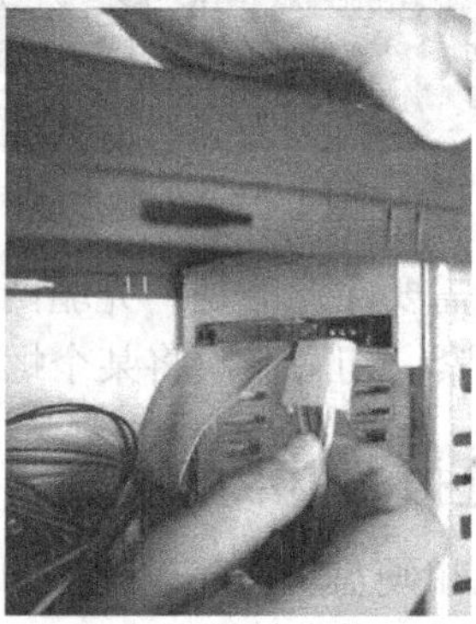

图 1-29　连接光驱电源线

1.3.10　安装硬盘

本例中以 SATA 接口硬盘安装为例，所以不涉及跳线的问题。需要注意的是，硬盘是精密配件，在安装时动作要轻，尽量不要让手上的汗沾湿硬盘背面的电路板。安装硬盘的具体操作步骤如下。

1）将硬盘从包装盒中取出，再从机箱电源线中找到硬盘的电源线，将其插入硬盘对应的接口中，如图 1-30 所示。同样，硬盘的所有接口都有防误插设计，安装起来非常方便。

图 1-30　连接硬盘的电源线

2）从包装袋中取出 SATA 硬盘的数据线，这是一根两端完全相同，并且较细的数据线，如图 1-31 所示。

3）在硬盘的接口中，较窄的接口是数据线接口。看准方向，将 SATA 数据线的一端连接至硬盘的数据线接口中。同样，此接口也做了防误插设计，方向错了是插不进去的。连接数据线的过程如图 1-32 所示。

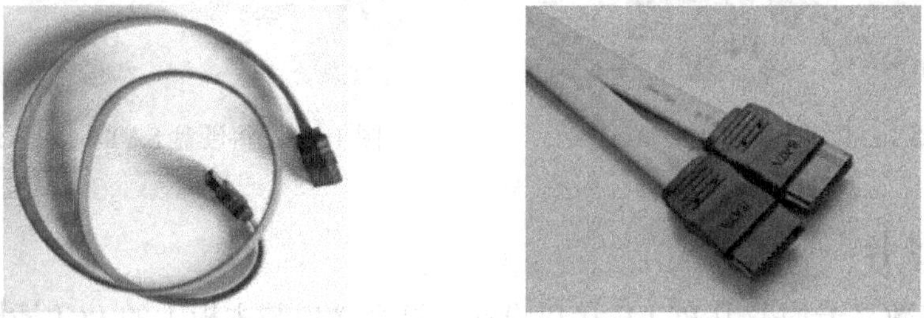

a)　　b)

图 1-31　SATA 数据线与两端接口

a) SATA 数据线　b) 两端相同的接口

4）双手托住硬盘，将硬盘对准 3.5in 固定架的插槽，轻轻地推进去，直到硬盘的 4 个螺丝孔与机箱上的螺丝孔对齐为止，如图 1-33 所示。

图 1-32　连接硬盘 SATA 数据线

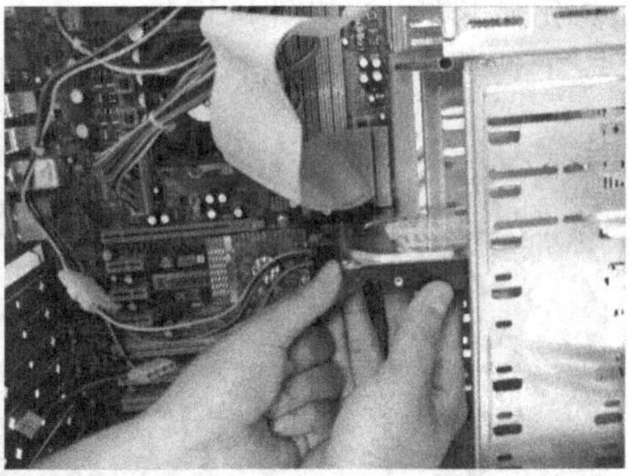

图 1-33　安装硬盘

5）在机箱配备的螺钉部件中选出大小合适的螺钉，将其拧紧在硬盘的螺丝孔内，如图 1-34 所示。

在固定硬盘这个环节，需要提醒读者注意的是，硬盘在工作的时候，内部的磁头会高速旋转，因此必须保证硬盘安装的牢固性。硬盘两边的 4 个螺丝孔均要拧上螺钉，并且需要保证 4 个螺钉进度要均匀，切忌一次将一边的螺钉拧紧，再拧紧另外一边的 2 个螺钉。这是因为，如果一次将螺钉拧紧或者将一边的螺钉拧得过紧，硬盘受力肯定会不均匀，就会影响硬盘的工作。

6）硬盘固定完成后，在主板上找到 SATA 硬盘的插座，通常在插座旁边会标有“SATA1”和“SATA2”的文字标识。然后将 SATA 硬盘数据线的另一端插入主板上的 SATA 插座中，操作过程如图 1-35 所示。

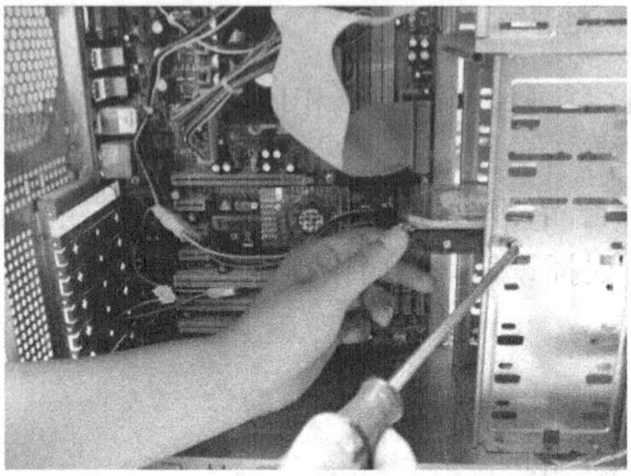

图 1-34　固定硬盘

图 1-35　将硬盘 SATA 数据线连接至主板

1.3.11　安装显卡

目前绝大多数显卡均采用 PCI-E 接口设计，这个接口与主板上的 PCI 插槽相对应，在安装前应检查插槽类型与显卡是否吻合。安装显卡的具体操作步骤如下。

1）使用尖嘴钳将机箱背部对应位置上的挡板卸下，并将显卡插槽的卡子向外掰开。

2）从包装袋中取出显卡，安装时将显卡“金手指”那一端对准插槽，然后双手平行向下用力，将显卡稳固地插入 PCI-E 的插槽中，如图 1-36 所示。

3）将显卡插入插槽中后，显卡有外接接口的一端正好搭在机箱的板卡安装位上，挑选螺钉固定显卡即可，如图 1-37 所示。

图 1-36　安装显卡

图 1-37　固定显卡

1.3.12 安装其他板卡

目前主板一般都集成声卡和网卡，有些主板针对中低端用户，还将显卡集成在主板中。但在主板中都预留了可扩充的插槽，用于以后添加外接板卡或升级时使用。安装这些板卡的过程类似于安装显卡的过程，不再赘述。这里仅仅提出在安装板卡过程中需要注意的事项，以便用户了解。

1）在拆开板卡包装后，需要认真阅读说明书，弄清板卡的插槽类型以及板卡上外设连接的方法。

2）安装板卡时应保证总电源关闭，并将电源插头拔下。

3）准备好对应的硬件驱动程序。

4）安装板卡时要轻拿轻放，避免硬物碰到板卡上的元件，避免手汗沾湿板卡电路板，有条件的话戴上防静电手套。

5）在原有集成板卡的主板上再添加一块新的功能相同的板卡时，应该在 BIOS 中设置，关闭对应的集成板卡。

6）安装完成后，不要急于加电测试，应再次检查一遍各连接线是否到位。

7）外接板卡大多数需要安装驱动程序，所以要熟悉驱动程序的安装方法。

1.3.13 连接机箱外部连线

待机箱内部全部组装完成后，还需将显示器、鼠标、键盘、打印机和音箱等连接到计算机上。图 1-38 所示是机箱背部的各个接口。

1）安装显示器。目前 LCD 显示器已经成为主流，它们都有 DVI 插头（用于高速传输数字信号的技术），如图 1-39 所示。将该插头插入显卡的输出端口，再将旁边的两个螺钉慢慢拧紧即可。同样，显卡的输出端口与 DVI 接头均有防误插设计，安装时按照接口形状安装即可，非常方便。

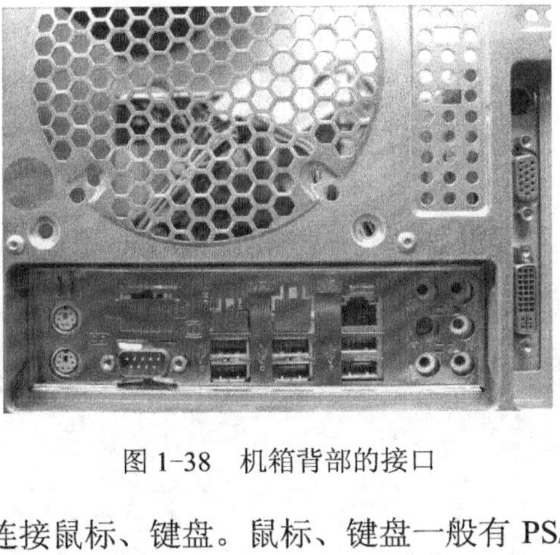

图 1-38　机箱背部的接口

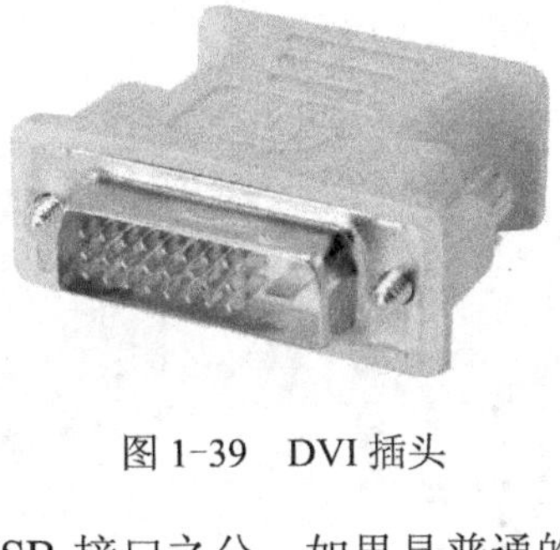

图 1-39　DVI 插头

2）连接鼠标、键盘。鼠标、键盘一般有 PS/2 与 USB 接口之分，如果是普通的 PS/2 接口，只需将它们对准机箱后面对应的圆形插座即可。一般情况下，鼠标为绿色接口，键盘为紫色接口。值得注意的是，在安装 PS/2 接口的鼠标、键盘时，要注意方向，避免用力过猛将插头的内插针弄弯。安装 USB 接口的键盘、鼠标很简单，只需将其插入机箱背部的 USB

接口即可。

3）连接音频线。机箱背部的音频输入/输出接口中都有耳机、麦克风等标识，用户只需将音箱、话筒等外接插口插入对应的插孔即可。

1.3.14 收尾工作

1）整机加电测试。待以上所有计算机配件安装完成后，重新检查连接线是否插接到位，不要让机箱内连线相互缠绕。插上主机和显示器电源，开机进行检测。如果不能正常启动，则需要重新检查安装过程。

2）整理连线。如果测试通过，则可切断所有电源。将机箱中所有连线分类整理好，使用捆扎带进行固定。固定连线时应注意，不要让连线触碰到散热片、CPU 风扇和显卡风扇。

3）待以上所有工作完成后，将两面计算机挡板用螺钉固定。安装时需要将计算机两侧挡板对准相应的卡口，然后平行推入使其与机箱紧密结合，最后将螺钉拧上即可。

4）加电再检测一次，完成所有硬件的组装。

1.4 实训习题

1．组装计算机配件前有哪些注意事项？

2．组装时，观察以前的计算机配件与现在的计算机在内部结构上有哪些区别？

3．如何安装 SATA 接口类型的硬盘？

实训 2　BIOS 设置与调整

BIOS 是保存在计算机主板上的一个 ROM 芯片中的软件系统。它包含计算机系统的最重要的输入输出程序、系统信息设置程序、开机加电自检程序、系统启动自举程序和控制基本输入输出设备的中断服务例程程序，其主要功能是为计算机提供最底层、最直接的硬件设置和控制。本节实训内容主要向读者介绍 BIOS 设置与调整方面的具体操作过程，并对目前较为流行的 UEFI 知识加以讲述。

2.1　实训任务

通过本节实训内容可使读者熟悉 BIOS 设置的方法，了解 BIOS 的主要功能和设置 BIOS 的重要意义，熟练掌握设置 BIOS 常用功能的操作过程，进一步提高读者的动手实践能力。

2.2　BIOS 的标准设置

2.2.1　知识准备

（1）BIOS 与 CMOS

CMOS 是计算机主板上的一块可读写的 RAM 芯片，是用来保存硬件配置和某些参数的设定值的场所。BIOS 是一组用来设置 CPU、日期、时间和驱动器形态等参数的程序，是完成参数设置的手段，应该称之为“通过 BIOS 程序对 CMOS 参数进行设置”。其实 BIOS 设置与 CMOS 设置指的是一回事。两者具体的联系与区别，见表 2-1。

表 2-1　BIOS 与 CMOS 的联系与区别

名　称	实　体	具 体 功 能	相互的联系
CMOS	RAM 芯片	存放参数的场所	保存 BIOS 设置的参数
BIOS	一组程序，保存在 BIOS Flash ROM 芯片中	设置参数的手段	将参数保存在 CMOS 芯片中

（2）BIOS 的分类

按照 BIOS 品牌分类，早期的主板 BIOS 主要有 Award BIOS、AMI BIOS 和 Phoenix BIOS 3 种类型。

1）Award BIOS 是由 Award Software 公司开发的 BIOS 产品，也是之前十分流行的品牌系列。1998 年 9 月，Award Software 公司被 Phoenix 公司收购，成为后者旗下的一个部门，产品也改名为 Phoenix-Award BIOS。

2）AMI BIOS 是 AMI 公司出品的 BIOS 系统软件。20 世纪 90 年代因没有及时推出适合市场的新版本，而导致 AMI BIOS 失去了大量的市场。

3）Phoenix BIOS 是 Phoenix 公司的产品，多用于高档原装品牌机和笔记本电脑上。自收购 Award Software 公司后，在 BIOS 领域更是处于霸主地位。

本节实训以映泰主板 Tforce 570 U 的 Phoenix-Award BIOS 为例介绍 BIOS 的设置与调整。

2.2.2 进入 BIOS

开启或重新启动计算机时，按〈Del〉键，就会显示 BIOS 设置的主菜单，如图 2-1 所示。如果没有及时按下〈Del〉键，计算机将会启动系统，这时如果还想进入 BIOS 就只有重新启动计算机了。另外，进入 BIOS 时的按键因生产厂商不同而不同，常见的有按下〈Del〉键、〈Ctrl+Alt+Esc〉组合键、〈Alt+S〉组合键以及〈F1〉～〈F10〉键的某个功能键等。

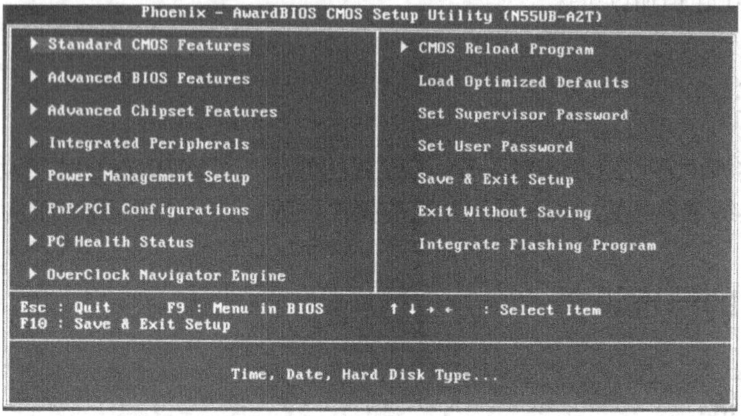

图 2-1 BIOS 设置主界面

当进入 BIOS 设置界面后，BIOS 设置界面中的内容是根据计算机中安装的主板品牌的不同而有所不同，常见的就是 Award BIOS、AMI BIOS 和 Phoenix-Award BIOS 等几种品牌。虽然界面形式有所不同，但功能设置基本相同。此外，有些主板会增加一些特色的功能设置，当进入 BIOS 设置界面后，使用键盘上的方向键，可以移动高亮光标到需要修改的选项上。按〈Enter〉键即可打开设置项的菜单，并进行相应的参数设置，按〈Esc〉键可以返回上一级菜单。此外，当用户将光标移动到不同的选项时，屏幕右侧会出现帮助信息，说明该设置项目的大概功能。

BIOS 设置主界面中各设置项及其功能见表 2-2。

表 2-2 BIOS 设置项及其功能含义

BIOS 设置项	功 能 含 义
Standard CMOS Features（标准 CMOS 设置）	对时间、日期和 IDE 设备等基本的系统设置进行设定
Advanced BIOS Features（高级 BIOS 设置）	对系统的高级特性进行设置，如设置启动顺序等
Advanced Chipset Features（芯片组高级设置）	修改芯片组寄存器的值，优化系统的性能
Integrated Peripherals（整合周边设备）	设置主板周边设备和端口
Power Management Setup（电源管理设置）	对系统电源管理进行特殊的设定
PnP/PCI Configurations（PnP/PCI 设置）	设定即插即用功能及 PCI 选项

（续）

BIOS 设置项	功 能 含 义
PC Health Status（硬件监控）	对系统硬件进行监控
OverClock Navigator Engine（CPU 核心电压与时钟设置）	改变 CPU 核心电压和 CPU/PCI 时钟频率
CMOS Reload Program（CMOS 保存设置）	允许保存多套 CMOS 参数设置
Load Optimized Defaults（载入 BIOS 默认设置）	恢复出厂设定
Set Supervisor Password（设置管理员密码）	设置管理员密码
Set User Password（设置用户密码）	设置用户密码
Save & Exit Setup（保存并退出）	存储所有变更至 CMOS 并退出设置
Exit Without Saving（不保存退出）	放弃所有变更并退出系统设置
Integrate Flashing Program（安全刷新 BIOS）	安全刷新 BIOS

2.2.3 标准 CMOS 设置（Standard CMOS Features）

1．调整系统时间和日期

1）当使用新主板时，需要配置系统时间。开机或重启计算机时按〈Del〉键，进入 BIOS 设置界面。

2）选择其中的“Standard CMOS Features”选项，然后按〈Enter〉键，进入 Standard CMOS Features 的设置界面，如图 2-2 所示。

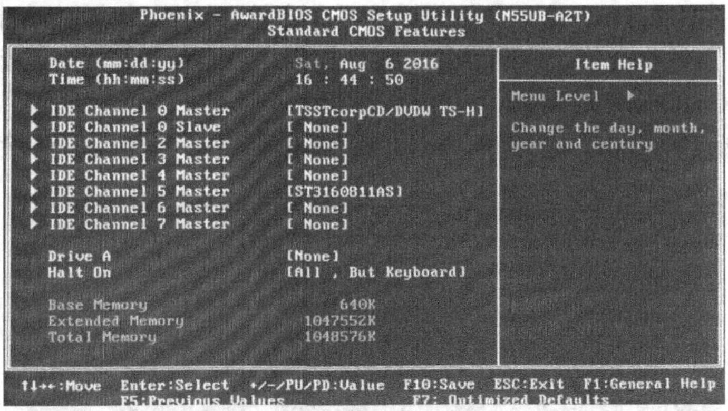

图 2-2　Standard CMOS Features 的设置界面

3）使用键盘方向键将高亮光标移动到日期设置“Date（mm:dd:yy）”或时间设置“Time（hh:mm:ss）”选项上，然后根据屏幕下方的提示，使用〈Page UP〉键和〈Page Down〉键或〈+〉键、〈-〉键进行各个选项值的切换即可。

2．设置硬盘驱动方式

一般情况下，硬盘参数和硬盘驱动方式是不需要手动进行设置的，BIOS 会自动配置。在图 2-2 中可以看到，8 个 IDE 控制器设置中显示的是当前系统自动检测到的光驱、硬盘这些 IDE 设备的型号。假如系统没有识别出某个 IDE 设备或者想要禁用某个 IDE 设备，就需要手动进行设置。

1）开机或重启时按〈Del〉键，进入 BIOS 设置界面，然后进入标准 CMOS 设置界面。

2）将光标移动到要设置的 IDE 选项上，按〈Enter〉键进入子菜单。本例中选择“IDE

Channel 5 Master”选项后，按〈Enter〉键进入子菜单，如图 2-3 所示。

3）在图 2-3 中，如果选择“IDE Auto-Detection”（硬盘自动检测功能）选项，当按〈Enter〉键后，系统就会搜索该 IDE 接口中的设备。

4）如果要禁用某个硬盘或光驱，只需要进入该 IDE 设备的子目录，将“Extended IDE Drive”设置为 None，如图 2-4 所示。这时该 IDE 接口上的设备将被关闭，系统将无法使用该设备。

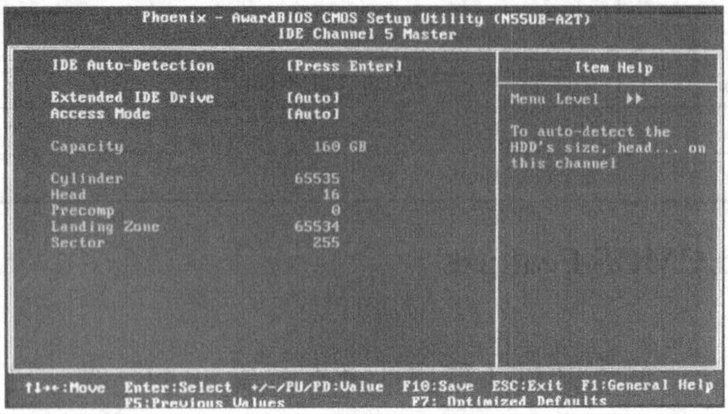

图 2-3　硬盘参数设置

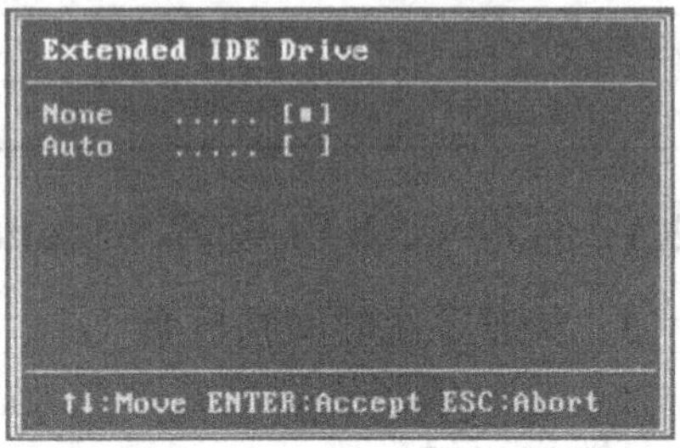

图 2-4　禁用硬盘或光驱

3．停机信息处理设置

在图 2-2 中，“Halt On”选项是用来设置系统自检遇到错误时的停机模式。开机后如果检测到异常情况，系统将会停止启动并给出错误提示，具体的设置方法和含义如下。

1）进入标准 CMOS 设置界面。

2）将光标移动到“Halt On”选项上，并按〈Enter〉键，此时界面如图 2-5 所示。

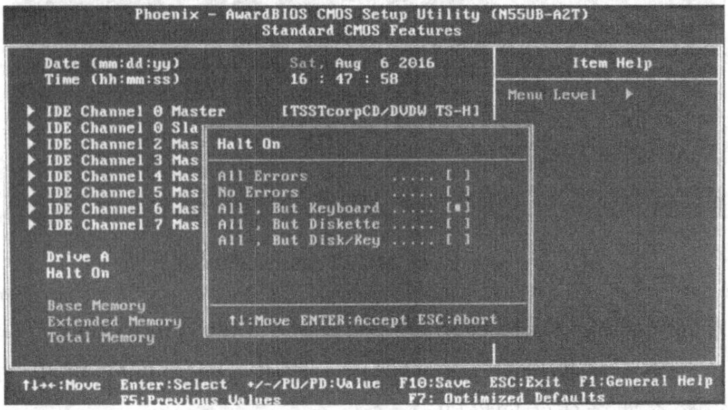

图 2-5　停机信息处理设置

其中，“All Errors”选项是指无论有任何错误，系统均暂停等候处理；“No Errors”是指无论遇到任何错误，系统均开机；“All，But Keyboard”是指除了键盘错误以外，如有任何错误均暂停等候处理；“All，But Diskette”是指除了软驱错误以外，如有任何错误均暂停等候处理；“All, But Disk/Key”是指除了软驱和键盘错误以外，如有任何错误均暂停等候处理。这里建议设置为“All Errors”，这样 BIOS 检测到任何错误时都会提醒用户。

2.2.4　高级 BIOS 设置（Advanced BIOS Features）

高级 BIOS 设置主要用来设置与系统配置相关的选项，其中有些是主板自带的选项，有些是用户可以自行修改的选项。进入 BIOS 设置界面后，选择“Advanced BIOS Features”选项，按〈Enter〉键即可进入高级 BIOS 设置，如图 2-6 所示。

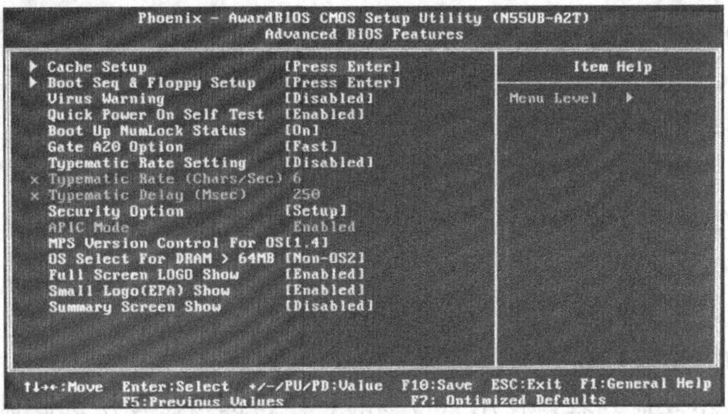

图 2-6　Advanced BIOS Features 的设置界面

1．CPU 缓存设置

进入 Advanced BIOS Features 设置界面后，选择“Cache Setup”（缓存设置）选项，然后按〈Enter〉键，就进入 CPU 缓存设置的界面。

在此界面中共有“CPU Internal Cache”（CPU 内部缓存）和“External Cache”（外部缓存）两个选项，前者用于设置是否打开 CPU 内部高速缓存，后者用于设置是否打开外部高速缓存。为了提高 CPU 的性能，这里建议均设置为“Enabled”（允许）。

2．更改启动设备顺序

重新安装系统时需要光盘引导，此时必须将光盘驱动器设置成第一启动设备，否则将不能从光驱安装系统。

1）进入 Advanced BIOS Features 设置界面后，选择“Boot Seq & Floppy Setup”（启动顺序和软盘设置）选项，然后按〈Enter〉键，此时就进入 Boot Seq & Floppy Setup 的设置界面，如图 2-7 所示。

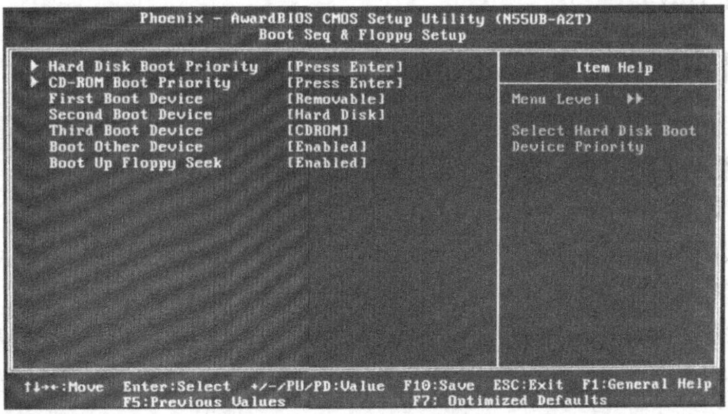

图 2-7　Boot Seq & Floppy Setup 的设置界面

2）将光标移动到“First Boot Device”（第一启动设备）选项上，按〈Enter〉键。

3）此时弹出如图 2-8 所示的界面，按〈+〉键、〈-〉键、〈Page Up〉键或〈Page Down〉键将光标移动到“CDROM”选项上，再按〈Enter〉键即可设置光驱为第一启动设备。

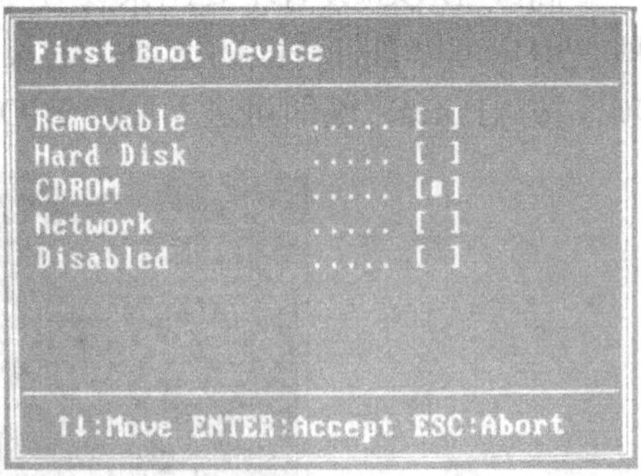

图 2-8　First Boot Device 的设置界面

4）设置第二和第三启动设备的方法与设置第一启动设备方法相同。

3．设置硬盘引导的优先级

此功能主要用于当用户的计算机连接多个硬盘时，涉及需要从哪个硬盘安装和启动系统的问题，更改硬盘优先级的具体操作如下。

1）在图 2-7 中，将光标移动到“Hard Disk Boot Priority”（硬盘启动优先级）选项上，并按〈Enter〉键。

2）此时界面显示硬盘列表，使用〈+〉和〈-〉键即可改变所选硬盘的优先级，处于列表第一位的优先级最高。

4．高级 BIOS 的其他设置

在图 2-6 中还有其他设置选项，这里只对其主要选项的含义加以解释，设置过程不再赘述。

“Virus Warning”（病毒警报）选项：在系统启动过程中或启动后，任何企图修改系统引导扇区或硬盘分区表的操作都会使系统暂停并出现错误信息。该选项有“Disabled”和“Enabled”两个选择，如果要安装操作系统，需要选择“Disabled”选项，否则将会出现错误信息导致操作系统无法顺利安装。

“Quick Power On Self Test”选项：快速开机自检选项。默认设置为“Enabled”，该选项主要功能为加速系统加电自检过程，开启该选项后将跳过一些自检过程，从而使引导过程加快。

“Security Option”选项：安全选项。当该选项设置为“System”时，则每次开机启动时都要输入密码。当该选项设置为“Setup”时，仅在进入 BIOS 设置时提示输入密码（仅在设置了密码的情况下有效）。

2.2.5　高级芯片组特性设置（Advanced Chipset Features）

高级芯片组功能设定中的选项用来设置主板上芯片的特征，具体的设置情况根据主板的不同而不同，如果不了解主板，建议都采用默认选项。

1．一般选项设置

进入 BIOS 设置界面后，选择“Advanced Chipset Features”选项，按〈Enter〉键即可进入高级芯片组设置，如图 2-9 所示。其中，各选项的含义解释如下。

“PMU”：电源管理单元，默认值是“Disabled”。PMU 是一种针对便携式应用的电源管理方案，它将传统的若干类电源管理器件整合在一起，以实现更高的电源转换效率和更低的功耗。

“K8<->NB HT Width”：CPU 与芯片之间 HT 带宽设置。

“SATA Spread Spectrum”：用于开启或关闭 SATA 展频功能。

“HT Spread Spectrum”：用于开启或关闭 HT 展频功能。

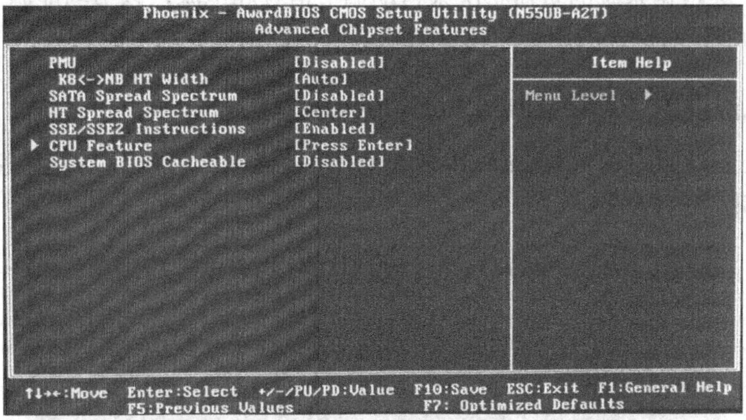

图 2-9　Advanced Chipset Features 的设置界面

“SSE/SSE2 Instructions”：设置对 SSE/SSE2 指令集的激活或关闭，默认值为“Enabled”。

“System BIOS Cacheable”：允许或禁止系统 BIOS ROM 是否用二级缓存当中的 F0000h～FFFFFh 区域作为缓冲，能提高系统调用系统 BIOS 的速度。但是如今使用的操作系统已很少直接调用系统 BIOS 了，即使提高了调用系统 BIOS 的速度也不会提高多少整体速度。因此，这样做不仅提高不了速度，还牺牲了二级缓存。另外，如果有程序写入了这段内存地址，就会引起系统错误，为了系统的稳定性，建议不要修改此选项，保持默认值“Disabled”即可。

2．CPU Feature 设置（CPU 特性设置）

CPU 特性设置包含“K8 NPT C1E Support”和“AMD K8 Cool&Quiet control”两个选项。在 Advanced Chipset Features 的设置界面中选择“CPU Feature”选项，按〈Enter〉键即可进入，如图 2-10 所示。

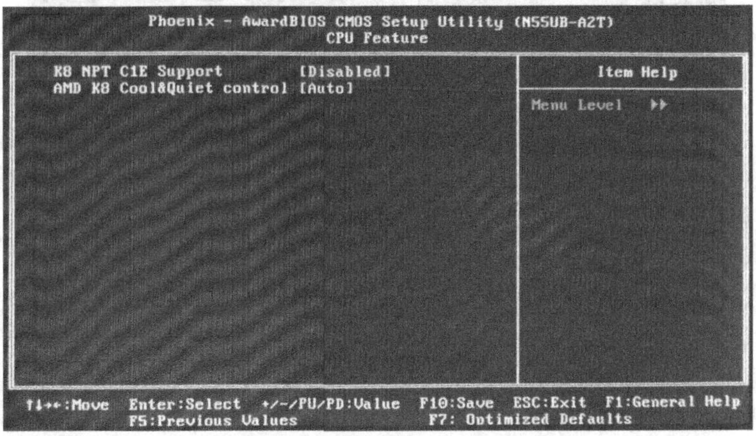

图 2-10　CPU Feature 的设置界面

“K8 NPT C1E Support”是 AMD 的省电功能，“AMD K8 Cool&Quiet control”是 AMD 的“凉又静”功能，这两个功能都是为了降低 CPU 工作强度而自带的硬件功能。开启此两个功能后，CPU 会根据系统的负荷状况来自动调节倍频和电源，以节约能源。一般超频时需要关闭这两个功能，对于一般用户建议保留默认值，以延长使用寿命。

2.2.6 周边设备设置（Integrated Peripherals）

BIOS 设置主界面中的“Integrated Peripherals”选项，可以针对各种接口进行详细设置，其主界面如图 2-11 所示。

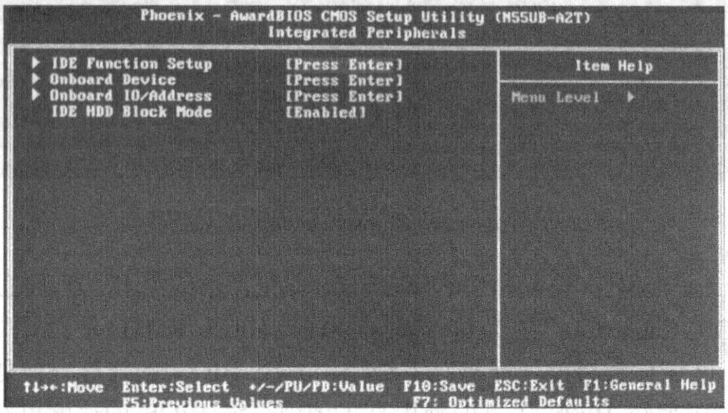

图 2-11　Integrated Peripherals 的设置界面

1．IDE Function Setup 设置（IDE 功能设置）

（1）优化硬盘设置

进入 Integrated Peripherals 设置界面后，选择“IDE Function Setup”选项，按〈Enter〉键，进入 IDE 硬盘接口设置界面，如图 2-12 所示。

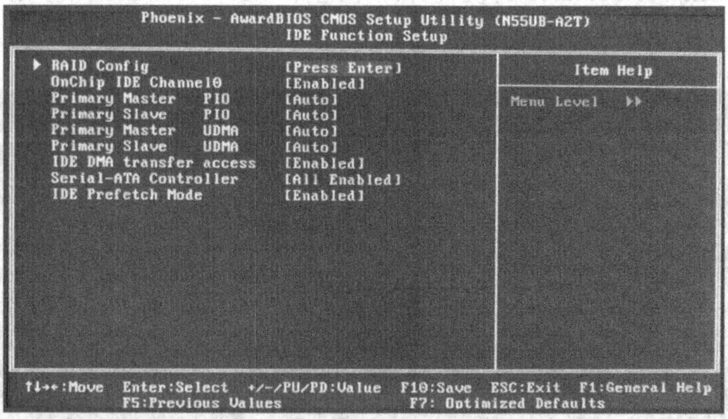

图 2-12　IDE Function Setup 的设置界面

其中，各选项的含义具体如下。

“RAID Config”：用于激活和关闭硬盘的 RAID 功能。

“OnChip IDE Channel0”：此主板芯片组中含有一个支持两个通道的 PCI IDE 接口，选择其中的“Enabled”选项以激活该接口。

“Primary Master PIO/UDMA”或“Primary Slave PIO/UDMA”：在IDE端口设置下面有4个子选项，用来设置该IDE接口的PIO和UDMA模式。开启主板上的IDE端口后，可以使用PIO或UDMA功能下的选项调节硬盘的PIO或DUMA模式，数值越高，速度越快。一般情况下，这几个选项都可以设置为“Auto”，这是因为现在的主板都能够自动根据IDE设备的速度来调节PIO和UDMA模式。

“IDE DMA transfer access”：IDE DMA转移地址设置。建议设置为“Enabled”，这样可以打开硬盘的DMA功能。

“IDE Prefetch Mode”：板载IDE驱动接口支持IDE预取，以加速设备存取。如果接口不支持预取操作，并且想要安装主从附加IDE接口，则需要选择“Disabled”选项关闭此功能。

（2）优化SATA硬盘设置

SATA硬盘已经普及，它与BIOS的设置也紧密相连。由于主板品牌不同，所使用的SATA控制芯片也不尽相同，因此在BIOS中对SATA功能设置的名称也不一样。更多的厂商是在BIOS设置中添加“Serial-ATA Controller”、“Serial-ATA Setting”、“Serial-ATA Bridge”这样的选项，这里建议设置为“All Enabled”，如图2-13所示。

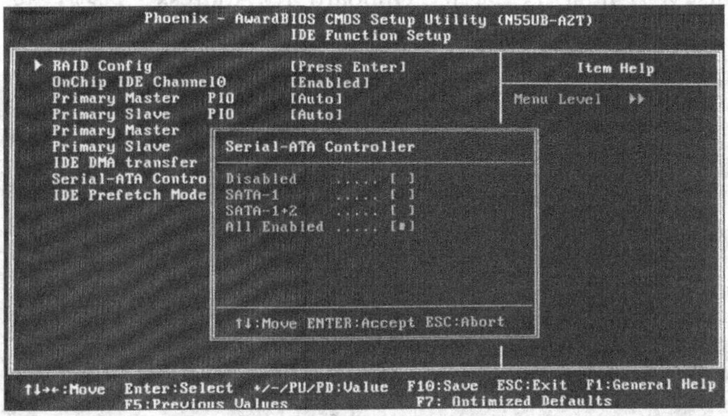

图2-13　设置SATA硬盘

2．Onboard Device设置（主板设备设置）

主板中有很多自带的设备，在“Onboard Device”选项中可以对其进行设置。进入Integrated Peripherals设置界面后，选择“Onboard Device”选项，按〈Enter〉键，此时进入板载设备的设置界面，如图2-14所示。其各选项的含义解释具体如下。

“OnChip USB”：如果用户的系统有USB控制器，那么激活此项。如果用户增加了一个更高级的系统控制器，应关闭此项。

“USB Memory Type”：预设值为SHADOW。

“USB Keyboard Support”：此项可用于激活或关闭USB键盘。

“USB Mouse Support”：此项可用于激活或关闭USB鼠标。

“HD Audio”：设置高保真音频。

“MAC Lan”：此项可以控制板载MAC Lan。默认值为“Auto”。

“Onboard Lan Boot ROM”：此项可以激活或关闭网络控制器。

“MAC Media Interface”：此项可以控制板载 MAC Media 界面。

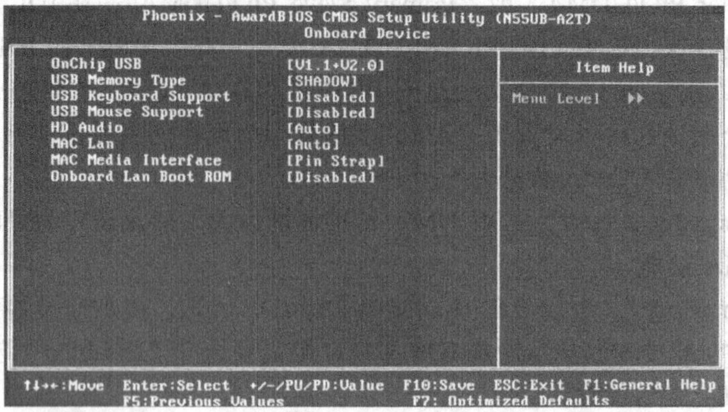

图 2-14　Onboard Device 的设置界面

3．Onboard IO/Address 设置（主板输入输出/地址设置）

Onboard IO/Address 设置主要是对主板上输入、输出设备串并口的一些设置。进入 Integrated Peripherals 设置界面后，选择“Onboard IO/Address”选项，按〈Enter〉键，此时进入输入、输出设备的设置界面，如图 2-15 所示。

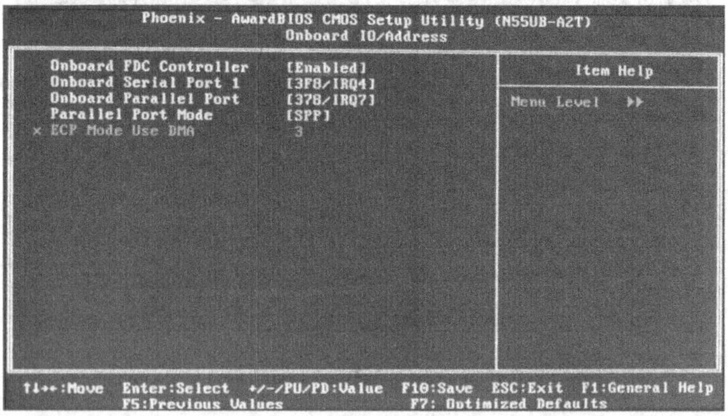

图 2-15　Onboard IO/Address 的设置界面

其中，各选项的含义解释具体如下。

“Onboard FDC Controller”：指的是软驱控制器设置，在没有软驱的情况下可以设置为“Disabled”，这样可以释放出一个中断。

“Onboard Serial Port 1”：指的是主板串口的设置。

“Onboard Parallel Port”：指的是主板并口的设置，选择该项进入子菜单后，可以设置并口的端口号和中断号。

“Parallel Port Mode”：指的是并口的工作模式。选择该选项进入子菜单后，出现 4 种模式，如图 2-16 所示。这 4 种模式决定并口传输速度的模式，SPP 基本模式传输速度最慢，EPP 比较适合并口驱动器，

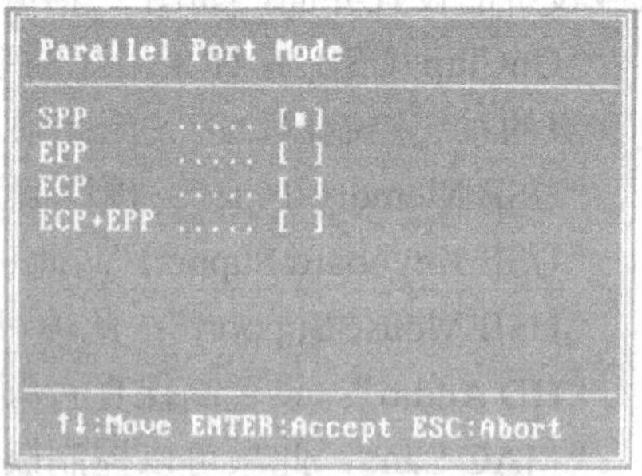

图 2-16　Parallel Port Mode 设置

ECP 将并行接口作为扩展兼容接口，传输能力较快。一般建议选择 ECP+EPP 工作模式。

2.2.7　超频设置（OverClock Navigator Engine）

在超频领域，OverClock Navigator 是专为入门用户而设计的。在 BIOS 设置主界面，选择“OverClock Navigator Engine”选项，然后按〈Enter〉键进入设置界面，如图 2-17 所示。

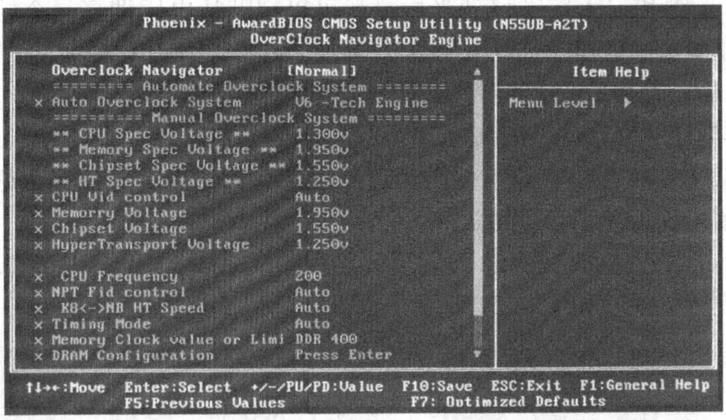

图 2-17　OverClock Navigator Engine 的设置界面

从图 2-17 可以看出，在此设置界面中包含了与超频信息相关的大量参数，用户在此可以对系统性能进行调校。在默认情况下“OverClock Navigator”选项设置为“Normal”，此时不能对各项参数进行设置。

1. 自动超频设置

1）进入 OverClock Navigator Engine 设置界面后，选择“Overclock Navigator”选项，按〈Enter〉键后进入子菜单，如图 2-18 所示。

2）在图 2-18 中，Overclock Navigator 基于 BET 测试和试验，提供 3 个默认超频设备可提高系统性能。选择其中的“Automate Overclock”选项，按〈Enter〉键确定并返回。此时用户会发现 OverClock Navigator Engine 设置界面中的“Automate Overclock System”选项被激活。

3）选择“Automate Overclock System”选项，然后按〈Enter〉键，此时弹出如图 2-19 所示的对话框。在此对话框中，包含“V6-Tech Engine”、“V8-Tech Engine”和“V12-Tech Engine”3 个选项。其中第 1 个选项设置将提高整个系统性能约 5%～10%，第 2 个选项设置将提高整个系统性能约 15%～25%，第 3 个选项设置将提高整个系统性能约 25%～30%。

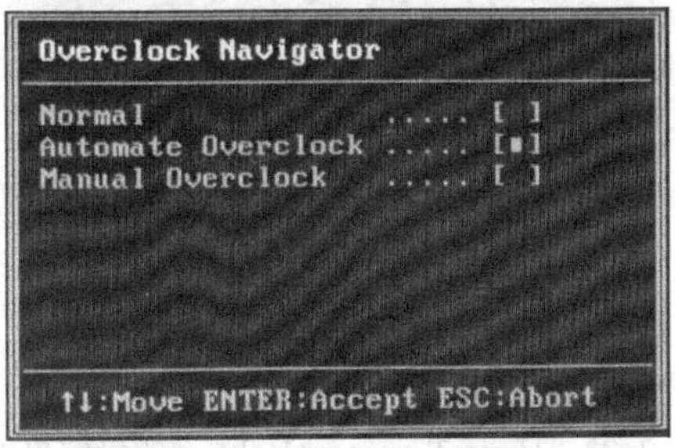

图 2-18　Overclock Navigator 设置

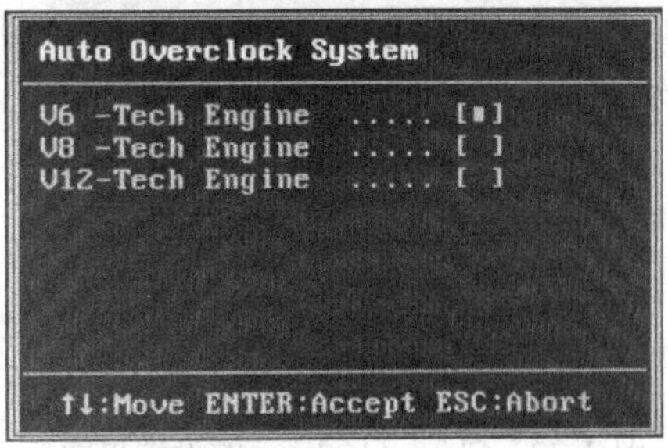

图 2-19　Auto Overclock System 设置

2. 提高 CPU 供电电压

1）进入如图 2-18 所示的 Overclock Navigator 设置后，选择其中的“Manual Overclock”选项，按〈Enter〉键后便进入了手动超频模式。

2）“CPU Vid control”选项是调节主板供电电路为 CPU 供电电压的选项。选择该选项后，按〈Enter〉键，此时弹出如图 2-20 所示的对话框。

3）使用〈↓〉键和〈↑〉键移动光标，就可以把默认电压调高一个档位。这里需要注意的是，设置电压时调整幅度一定不要过大，需要一步一步增加电压，否则容易烧毁 CPU。

4）设置完成后，按〈Enter〉键，确认修改并返回上一级目录。

3. 设置内存电压（Memory Voltage）

内存电压一般需要按照内存颗粒的种类进行设置。假如内存条质量很好，可以适当提高内存电压，一般用户保持默认值即可。

进入 OverClock Navigator Engine 设置后，选择“Memory Voltage”选项，按〈Enter〉键后进入内存电压设置界面，如图 2-21 所示，根据实际情况选择电压即可。

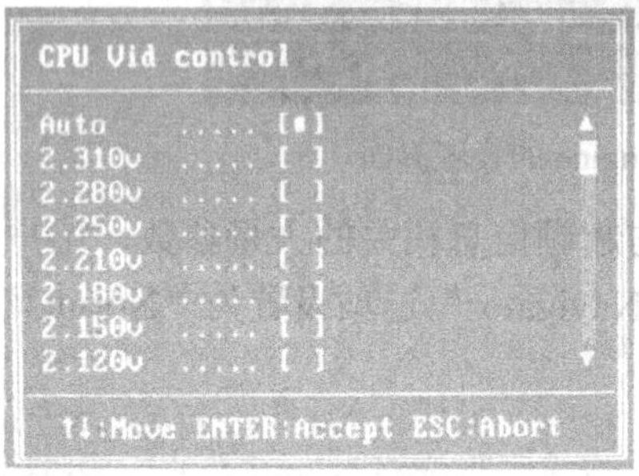

图 2-20 CPU Vid control 的设置界面

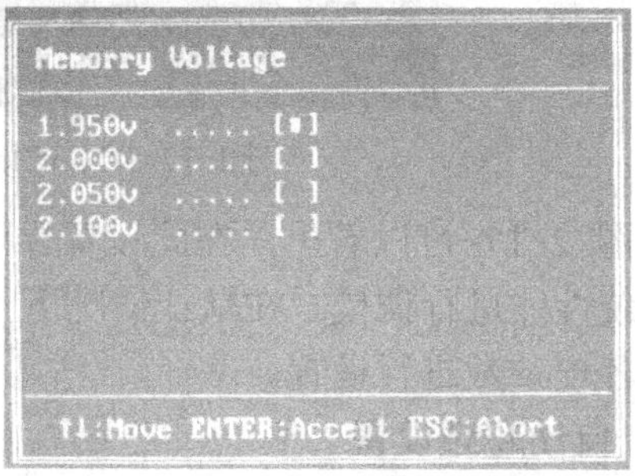

图 2-21 Memory Voltage 的设置界面

4. 设置芯片组电压（Chipset Voltage）

进入 OverClock Navigator Engine 设置后，选择“Chipset Voltage”选项，按〈Enter〉键后进入芯片组电压设置界面，如图 2-22 所示。根据实际情况选择电压，一般情况下保持默认值即可。

5. 设置总线频率电压（HyperTransport Voltage）

进入 OverClock Navigator Engine 设置后，选择“HyperTransport Voltage”选项，然后按〈Enter〉键进入总线频率电压设置界面，如图 2-23 所示，根据实际情况选择电压即可。

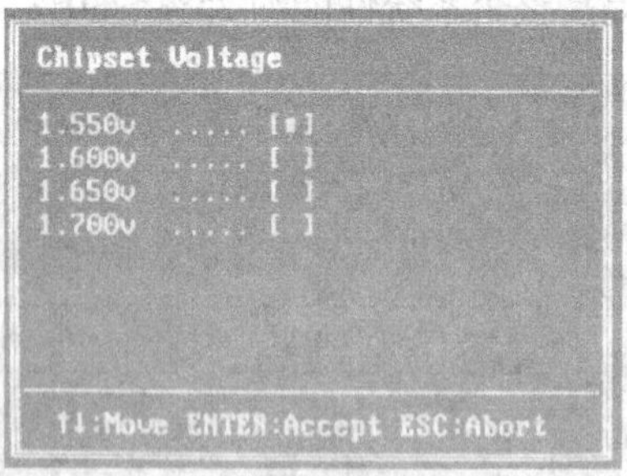

图 2-22 Chipset Voltage 的设置界面

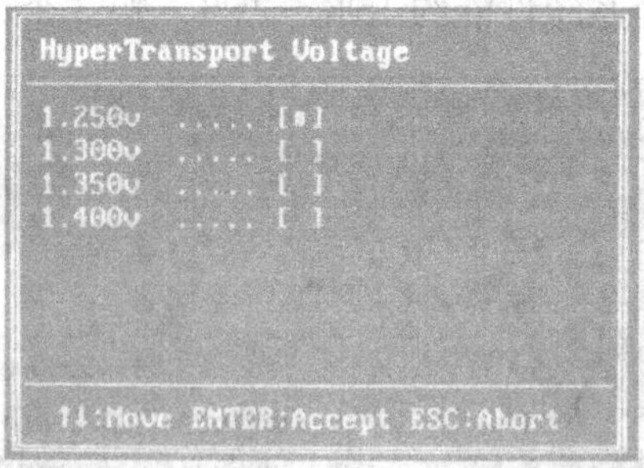

图 2-23 HyperTransport Voltage 的设置界面

6．设置 CPU 外频（CPU Frequency）

进入 OverClock Navigator Engine 设置后，在手动设置模式下选择“CPU Frequency”选项，然后按〈Enter〉键进入 CPU 外频设置界面，如图 2-24 所示，使用〈↓〉键和〈↑〉键可以选择不同的设置。

7．设置倍频选项（NPT Fid control）

进入 OverClock Navigator Engine 设置后，在手动设置模式下选择“NPT Fid control”选项，然后按〈Enter〉键进入倍频设置界面，如图 2-25 所示，使用〈↓〉键和〈↑〉键可以选择不同的设置。

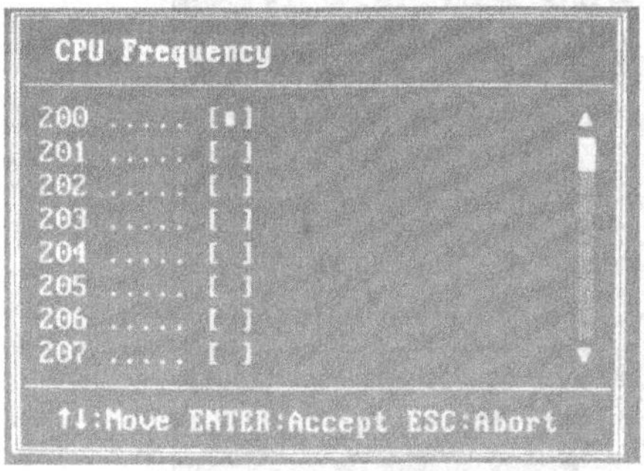

图 2-24　CPU Frequency 的设置界面

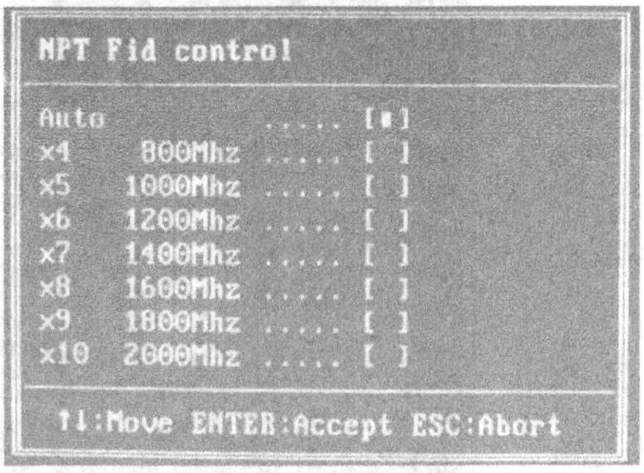

图 2-25　NPT Fid control 的设置界面

8．HT 总线的倍频调节（K8<->NB HT Speed）

进入 OverClock Navigator Engine 设置后，在手动设置模式下选择“K8<->NB HT Speed”选项，然后按〈Enter〉键进入 HT 总线的倍频调节设置界面，如图 2-26 所示，使用〈↓〉键和〈↑〉键可以选择不同的设置。

9．Timing Mode 与 Memory Clock value or Limit

进入 OverClock Navigator Engine 设置后，在手动设置模式下，当把“Timing Mode”设置为“Max MemClk”（最大内存频率）模式时，“Memory Clock value or Limit”（内存同步/异步）选项便会被激活。进入该选项的子菜单，如图 2-27 所示。用户可以根据自己内存条的类型进行选择。

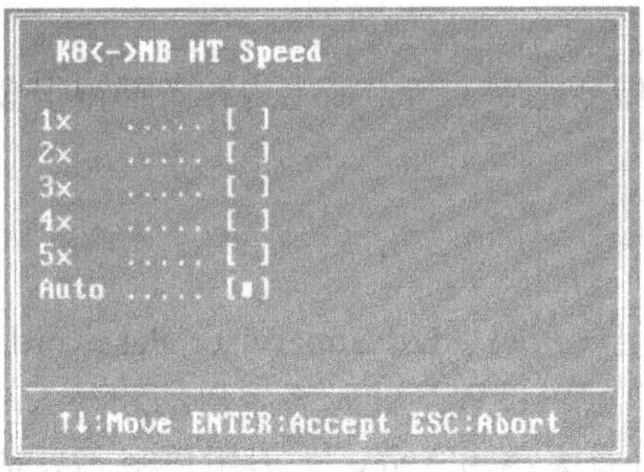

图 2-26　K8<->NB HT Speed 的设置界面

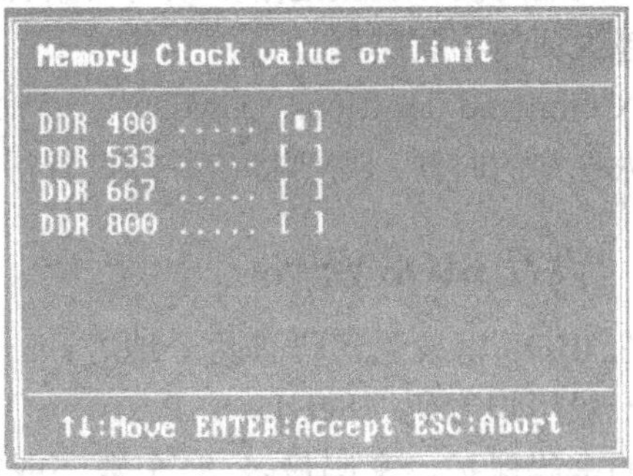

图 2-27　Memory Clock value or Limit 的设置界面

10．内存时序设置（Memory Timings）

内存时序设置是在超频过程中对整体性能影响较为主要的部分，在设置过程中用户还会遇到大量与内存延迟时间有关的专有名词，这就需要事先有一些知识储备。但总的来说，如果内存条的品质很高，则将这些延迟时间设置得越短越好。对于品质一般的内存条来说，设置不当会导致系统启动不了或黑屏。

1）进入 OverClock Navigator Engine 设置界面后，在手动设置模式下选择“DRAM Configuration”选项，然后按〈Enter〉键进入 DRAM 设置界面。

2）使用〈↓〉键和〈↑〉键将光标移动到“Memory Timings”选项上，按〈Enter〉键进入内存时序设置界面，如图 2-28 所示。

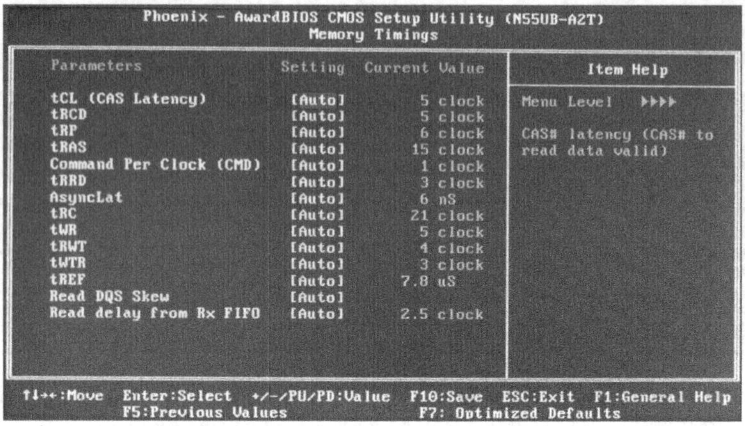

图 2-28　Memory Timings 的设置界面

内存时序设置中常用参数的解释具体如下。

“tCL（CAS Latency)”：指的是内存读写操作前，列地址控制器的潜伏时间，也就是北桥芯片到内存的一个延迟时间。

“tRCD”：行寻址到列寻址延迟时间，数值越小，性能越好。但如果该值设置太低，同样会导致系统不稳定。

“tRP”：内存行地址控制器预充电时间，预充电参数越小，内存读写速度越快。

“tRAS”：是指从收到一个请求后到初始化 RAS（行地址选通脉冲），然后真正开始接收数据的间隔时间。调整这个参数需要结合具体情况而定，一般最好设在 5～10 之间，不能说数值越大或越小就越好。

“Command Per Clock（CMD)”：首命令延迟或指令比率。当主板上内存条插得很多，性能不太稳定的时候，需要将该参数设置得大一些。

2.2.8　设置 BIOS 密码

在 BIOS 里设置密码有两个地方：一个是超级用户密码（Set Supervisor Password)；一个是一般用户密码（Set User Password)。超级用户密码设置是针对系统启动和进入 BIOS 时做的密码保护，密码最多 8 个数字或符号，并且有大小写之分。一般用户密码只是针对系统启动时做的密码保护。需要注意的是，使用超级用户密码进入 BIOS 后，可以对所有项进行重新设置，而使用一般用户密码进入 BIOS 后只能对部分项进行设置。设置密码的步骤如下。

1）开机或重启计算机时按下〈Del〉键，进入 BIOS 设置界面。

2）根据需要选择其中的“Set Supervisor Password”或“Set User Password”选项，然后按〈Enter〉键。

3）此时弹出对话框要求用户输入密码，输入完成后按〈Enter〉键，这时 BIOS 会要求再输入一次，确认刚才输入的密码。若两次输入密码吻合，便将它保存下来。

4）假如想要取消密码，只需在输入新密码时，直接按〈Enter〉键，这时 BIOS 会显示“PASSWORD DISABLED”字样，下次开机时，就不会再要求输入密码了。

2.2.9 其他选项设置

1．电源管理与 PnP/PCI 设置

“Power Management Setup”（电源管理）和“PnP/PCI Configurations”（即插即用设备和 PCI 扩展槽设置）这两个选项中的所有子选项对系统性能及使用都不会有太大影响，一般都使用默认值即可。

2．CMOS Reload Program

此设置项可以为用户在 BIOS-ROM 里保存不同的 CMOS 设置，还可以根据个人爱好命名 CMOS 数据。

3．Load Optimized Defaults

“Load Optimized Defaults”（装载默认设置）选项的作用是将 BIOS 参数恢复到主板厂商设定的默认值。

4．保存并退出

在对 BIOS 设置完成后，必须选择“Save & Exit Setup”选项才能应用之前的设置。如果不想保存此次 BIOS 设置，可以选择“Exit Without Saving”选项。

2.3 设置 UEFI 参数

传统 BIOS 技术正在逐步被 UEFI 取代，后者已成为硬件配置信息的主流平台，其图形化的设计，能够让用户更加轻松地对硬件进行设置，远比传统的 BIOS 设置更容易。

2.3.1 认识 UEFI

UEFI（Unified Extensible Firmware Interface）称为“统一的可扩展固件接口”，是一种详细描述类型接口的标准。这种接口用于帮助系统从一种预启动的操作环境中，加载到另一种操作系统上，从而使开机程序得以化繁为简。

1．UEFI 与 BIOS 的区别

UEFI 拥有传统 BIOS 所不具备的诸多功能，比如图形化界面、多种多样的操作方式、允许植入硬件驱动等，这些特性让 UEFI 相比于传统 BIOS 更加易用、更加方便。

通俗地讲，传统 BIOS 的工作职责是负责在开机时做硬件启动和检测工作，并且担任操作系统控制硬件时的中介角色，而 UEFI 是将过去需要通过 BIOS 完成的硬件控制程序放在操作系统中完成，不再需要调用 BIOS 功能，更像是固化在主板上的操作系统，让硬件初始化以及引导系统变得简洁快速。

2．UEFI 的特点

由于 UEFI 本身的开发语言已经从汇编转变成 C 语言，所以主板厂商可以深度开发 UEFI，它已经相当于一个微型操作系统。UEFI 的相关特点具体如下。

1）支持文件系统，可以直接读取 FAT 分区中的文件。

2）可以直接在 UEFI 环境下运行应用程序。

3）缩短了启动时间和从休眠状态恢复的时间。

4）支持容量超过 2.2 TB 的驱动器。

5）支持 64 位的现代固件设备驱动程序。

6）弥补了 BIOS 对新硬件支持不足的缺陷。

2.3.2 使用 UEFI BIOS 设置

微星主板厂商的 Click BIOS，经过不断发展，形成了一套非常成熟、人性化的模式。它由 UEFI 的图形化 BIOS 和桌面的对应软件组成，可以在 BIOS 界面下用键盘、鼠标操作，易用性很高。本节内容以微星 B85M-P33 主板为例，向读者介绍微星主板的 UEFI BIOS——Click BIOS 4 的使用方法。

1．Click BIOS 4 界面介绍

在电脑刚重启时，按〈Del〉键即可进入 Click BIOS 4 设置主界面，如图 2-29 所示。在此界面中有 6 个区域：左上角是主板型号和温度监测，其中温度包括摄氏度和华氏度；右上角是系统信息和启动设备优先权两个区域，其中启动顺序为从左到右；下面区域左、右两侧为 BIOS 设置菜单，中间区域为菜单显示区。

图 2-29　UEFI BIOS——Click BIOS 4 主界面

这里 BIOS 设置菜单按照功能不同分为 6 个部分，其介绍具体如下。

“SETTINGS”：该项包括了整合在南桥和主板上的各种设备的参数设置，例如 SATA 控制器、USB 控制器、声卡、网卡、PCI 总线、ACPI、IO 芯片的设置等。

“OC”：该项用于超频参数的设置。

“M-FLASH”：该项可以从 U 盘启动并更新 BIOS。

“OC PROFILE”：该项用于管理超频档案，可以保存多个超频配置。

“HARDWARE MONITOR”：该项用于设置主板硬件的相关参数。

“BOARD EXPLORER”：该项用于查看主板主要硬件的信息。

2．设置启动设备优先权

在 Click BIOS 4 环境下设置启动设备优先权十分简单。首先，选择“SETTINGS”菜单，在其菜单列表中选择“启动”选项，这时显示如图 2-30 所示的界面。然后，双击列表中第一个“Boot Option #1”选项，在弹出的列表中选择某个启动设备，则该设备将作为引导系统设备的第一个启动。

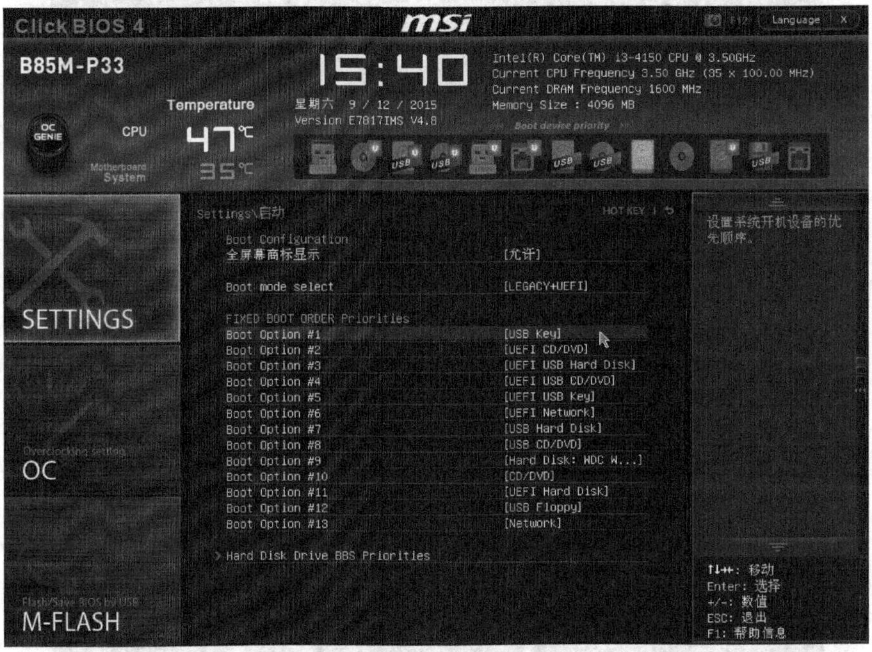

图 2-30　设置启动设备优先权界面

3．硬件监控

选择“Hardware Monitor”菜单，即可进入设置界面，如图 2-31 所示。在当前界面中，用户可以看到平台的风扇运行情况、CPU 的温度等数据，并且可以直接对风扇的风速进行调节。同其它主板不同的是，微星主板在 BIOS 中就提供了曲线式的图形化调节界面，用户无需在系统内安装相应的软件，非常方便。

4．查看主板细节

在主界面中，选择“Board Explorer”菜单即可进入查看界面，如图 2-32 所示。该选项可视为平台总体信息浏览，用户单击主板上的某个区域，就会弹出悬浮窗进行显示，方便浏览主板的任何细节，包括插槽及插针各自的状况、安装了何种硬件等。

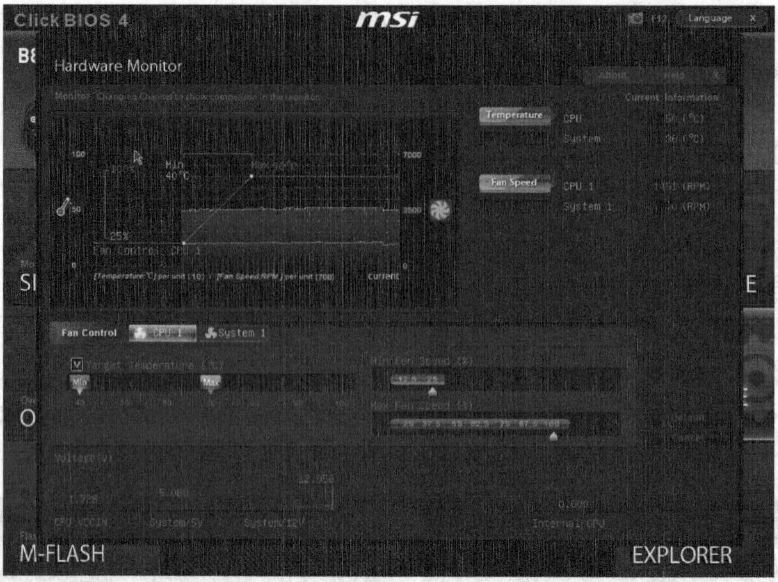

图2-31　Hardware Monitor设置界面

图2-32　Board Explorer查看界面

2.4　实训习题

1. 如何设置开机密码和开机用户密码？
2. 如何将光盘驱动器设置为第一启动设备？
3. CMOS与BIOS的区别是什么？
4. 什么是UEFI？它与BIOS有何区别？
5. 如何设置才能提高CPU的供电电压？

实训3　操作系统的安装与体验

在硬件组装完成且 BIOS 参数设置好后，接下来的工作就是根据需要安装操作系统。如果计算机配置较低可以安装 Windows 7，对近期组装的微机可安装 Windows 10。

3.1　实训任务

熟练掌握 Windows 操作系统的安装（本实训以安装 Windows 10 为例介绍安装过程），熟练掌握操作系统安装和常规设置的方法。

3.2　安装 Windows 10 前的准备

1．选择适合自己的 Windows10 版本

根据市场的不同需求，微软面向不同的用户群体发布了多个版本的 Windows 10 产品，这里仅向读者介绍适用于 PC 的版本，具体内容见表 3-1。

表 3-1　Windows 10 版本介绍

版本名称	说明
Windows 10 Home（家庭版）	该版本的操作系统中包括最新的 Windows 通用应用商店、Edge 浏览器、Cortana 个人助理、Continuum 平板模式以及 Windows Hello 生物识别等功能，对普通用户来说，已经能够满足使用
Windows 10 Professional（专业版）	该版本主要面向技术爱好者和企业的技术人员，系统内置了一系列增强技术，包括组策略、Bitlocker 驱动加密、远程访问服务、域名链接，还有全新的 Windows Update for Business
Windows 10 Enterprise（企业版）	该版本主要面向企业级用户，不仅包含了专业版所有的功能，而且为了满足企业用户的需求，还专门增加了 PC 管理和部署以及更先进的安全性和虚拟化等功能。具体内容如下。 1）Windows To Go：该功能可以通过 USB 存储设备来实现携带/运行 Windows 10 系统，让应用和数据随身而动。 2）Device Guard：该功能可以帮助用户抵御针对设备、身份、应用和敏感信息安全等方面的威胁。 3）DirectAccess：该功能可以使企业用户获取远程登录企业内网而无需 VPN（虚拟专用网络）的帮助，并帮助管理员维护计算机，实现软件更新等操作。 4）AppLocker：该功能可以限制用户组被运行的文件和应用

2．Windows 10 最低硬件配置要求

由于 Windows 10 是一款面向所有类型设备的操作系统，因此它的系统配置要求必然非常普通，具体的最低硬件配置见表 3-2。

表 3-2　Windows 10 系统最低硬件配置要求

硬件设备	最低要求	备注
CPU	1GHz 或更快	需要支持物理地址扩展（PAE）、NX 处理器位（NX）和流式处理 SIMD 扩展 2（SSE2）
内存	1GB 及以上	64 位的操作系统则需 2GB 及以上
硬盘	16GB 及以上可用磁盘空间	64 位的操作系统则需 20GB 及以上可用磁盘空间
显卡	Direct 9 显卡支持	如果显卡低于此标准，则透明效果的 Aero 主题可能无法实现

3．升级或安装方式

如果用户当前系统是 Windows 7 或 Windows 8.1，则可以免费升级至 Windows 10；如果用户当前系统为 Windows Vista 或 Windows XP，微软尚未提供任何直接升级到 Windows 10 的方法，必须重新安装。

4．选择正版软件

很多用户都存在认识误区，觉得正版价格高，使用盗版更加实惠，事实上盗版软件在安全性、稳定性、自动更新、售后服务和增值下载等方面与正版软件存在巨大差距。此外，盗版软件还是病毒传播的主要载体，黑客组织将木马伪装成安全补丁，通过第三方网站向使用盗版 Windows 的用户提供下载，非常具有欺骗性，对用户的安全造成了严重威胁。本书强烈建议用户从合法渠道获得正版软件，为个人或企业信息提供品质可靠的安全保护。目前，在 Windows 应用商店中，Windows 10 简体中文专业版和 Windows 10 家庭版升级专业版零售价分别为 1799 元人民币和 879.99 元人民币。

3.3　全新安装 Windows 10

对于全新的电脑而言，要安装 Windows 10 操作系统，首先需要将硬盘进行分区并格式化，然后再进行系统安装。这里推荐使用第三方工具软件“大白菜 U 盘启动盘”，该软件能够帮助用户方便快捷地进行专业操作。

3.3.1　制作 U 盘启动盘

随着软件技术的发展，即便没有任何技术基础的用户，通过“大白菜 U 盘启动盘”也能够完成专业操作。这里以“大白菜 U 盘启动盘 7.3 版本”为例向读者进行讲解。具体的操作过程如下。

1）准备一个存储空间大于 2GB 的 U 盘。如果拟将 Windows 10 镜像文件存放在 U 盘中，建议使用容量 8GB 的 U 盘。

2）从“大白菜”官方网站（http://www.bigbaicai.com/）下载“大白菜 U 盘启动盘 7.3”装机版。

3）安装并启动“大白菜 U 盘启动盘”。

4）插入准备好的 U 盘，等待软件读取 U 盘的信息，如图 3-1 所示。根据需要进行必要设置，这里的“模式”选项中包含“HDD-FAT32”、“ZIP-FAT32”、“HDD-FAT16”和“ZIP-FAT16”四个选项，建议选择“HDD-FAT32”模式。ZIP 模式指的是大容量软盘仿真模式，一般用于年代较久的电脑，但对新电脑来讲兼容性不佳。

5）设置完成后，单击“一键制作启动盘”按钮，此时弹出如图 3-2 所示的对话框。

图 3-1 检测 U 盘

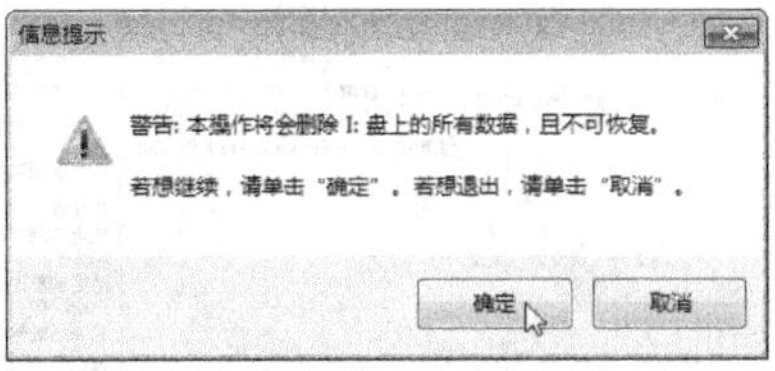

图 3-2 “信息提示”对话框

6）单击“确定”按钮，大白菜装机版 U 盘制作工具开始对 U 盘写入相关数据，经过几分钟的等待，弹出对话框提醒用户启动 U 盘制作完成。

3.3.2 硬盘分区和格式化

硬盘分区工具是用户装机过程中必不可少的软件之一，通过硬盘分区工具可以轻松设置分区数量以及每个分区的大小。这里使用的是大白菜 U 盘启动盘内的分区工具 DiskGenius。以下将向读者介绍硬盘分区的操作方法。

1）进入 BIOS，将 U 盘设置为第一启动顺序。

2）将制作好的“大白菜 U 盘启动盘”插入 USB 接口，这里建议将 U 盘插在主机机箱后置的 USB 接口上。

3）重启电脑，此时进入如图 3-3 所示的界面。这里选择“运行大白菜 Win8PE 防蓝屏版（新电脑）”选项，随后进入 PE 系统桌面。

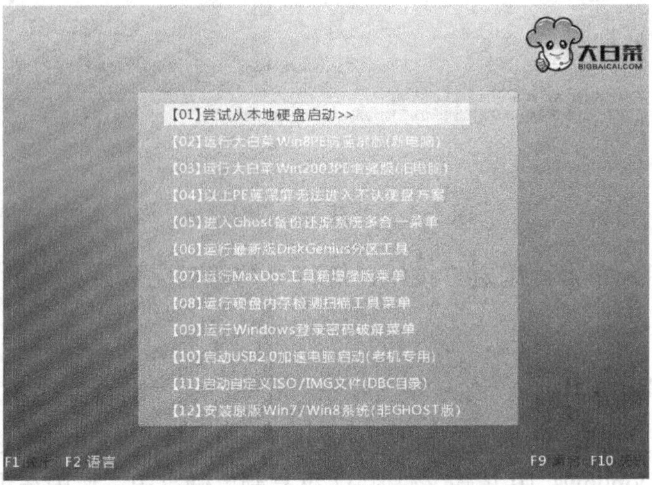

图 3-3 大白菜主菜单界面

4）双击桌面上的分区工具“DiskGenius”，进入如图 3-4 所示的窗口。

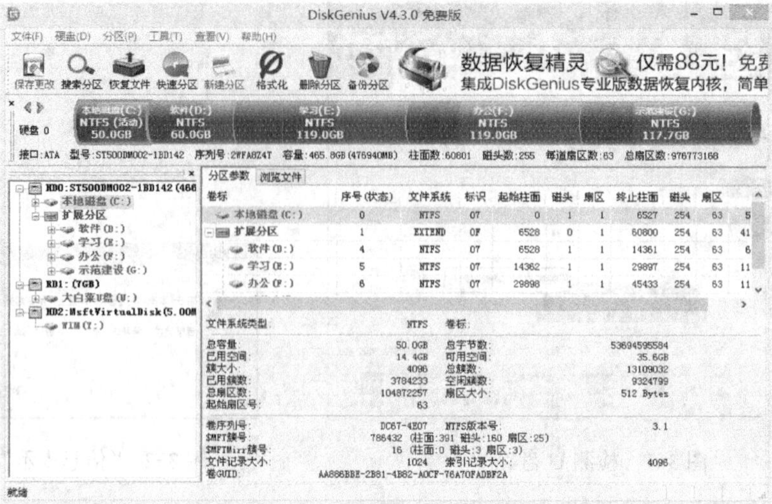

图 3-4　DiskGenius 主界面

5）在“DiskGenius”主窗口左侧树形结构中，选择需要进行分区的硬盘，单击顶部的“快速分区”图标按钮。

6）此时，弹出如图 3-5 所示的对话框。在该对话框中，根据用户需要在“分区数目”选项区选择分区数量；在“高级设置”选项区，针对每个分区进行详细设置。

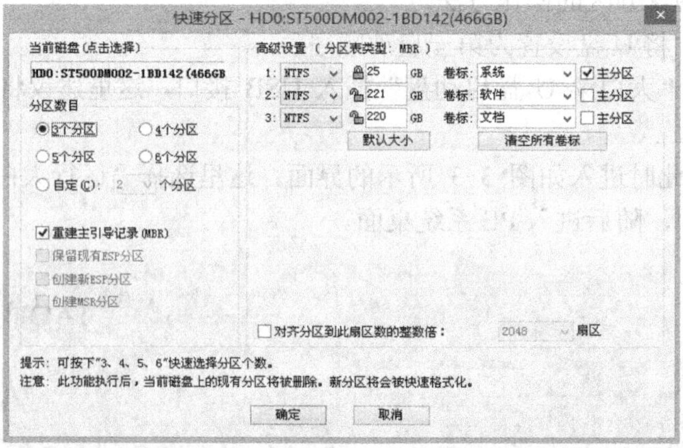

图 3-5　“快速分区”对话框

7）设置完成后，单击“确定”按钮，等待片刻即可完成磁盘分区并格式化的一系列操作。

3.3.3　安装 Windows 10

上述准备工作完成后，就可以开始安装 Windows 10 操作系统了。这里需要提醒用户的是，建议将下载的 Windows 10 镜像文件从 U 盘复制至硬盘中，原因在于硬盘读取速度要高于 U 盘，这样在安装过程中能节约时间。具体操作步骤如下。

1）使用 U 盘启动计算机，并进入 PE 系统桌面。

2）此时，系统会自动弹出如图 3-6 所示的“大白菜 PE 装机工具”对话框。单击“浏览”按钮，为系统选择 Windows 10 镜像文件存放的位置。

3）在分区列表中选择操作系统即将安装到的盘符，这里选择 C:盘。

4）设置完成后，单击“确定”按钮，弹出提示对话框，保持默认系统选择，单击“确定”按钮开始进行安装，如图 3-7 所示。

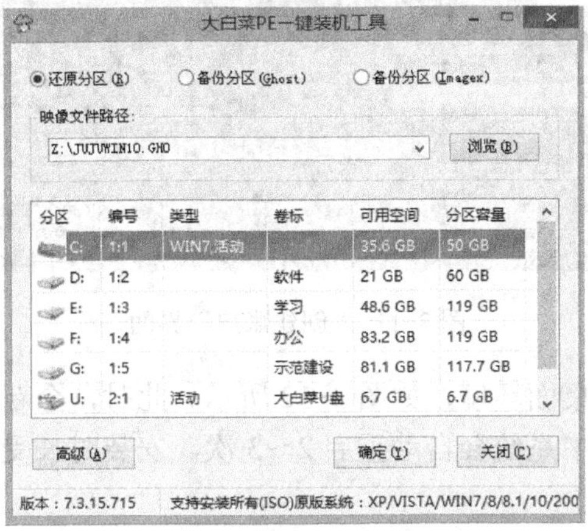

图 3-6 “大白菜 PE 装机工具”对话框

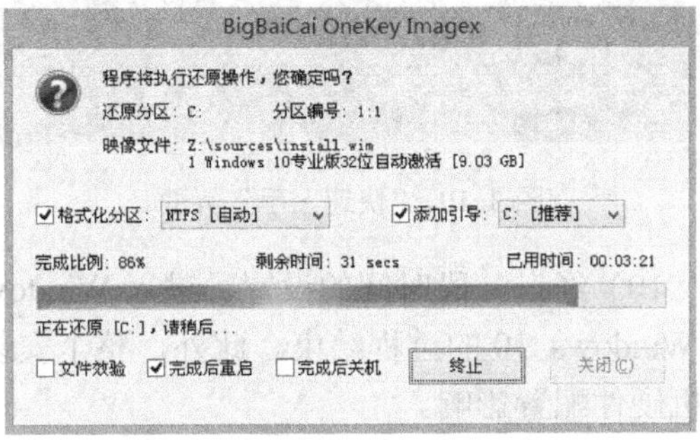

图 3-7 “大白菜一键还原”对话框

5）再次重启后即可进入 Windows 10 安装环境，这里需要先进行用户的基本信息设置，如图 3-8 所示。

6）设置完成后，单击“下一步”按钮进入“产品密钥”界面。在此环节，需要用户提供购买正版 Windows 产品的产品密钥，如图 3-9 所示。

图 3-8 “用户基本信息设置”界面

图 3-9 “输入产品密钥”界面

7）单击“下一步”按钮，进入“微软软件许可条款”界面，这里单击“接受”按钮，继续后续内容的安装。

8）进入“快速上手”界面，如图 3-10 所示。在此环节，单击“使用快速设置”按钮，系统可以帮助用户设置诸多内容，如果单击“自定义设置”文字链接，将由用户逐项进行设置。

9）设置完成后，进入“创建账户”界面，如图 3-11 所示。这里根据需要设置登录的用户名以及登录密码。

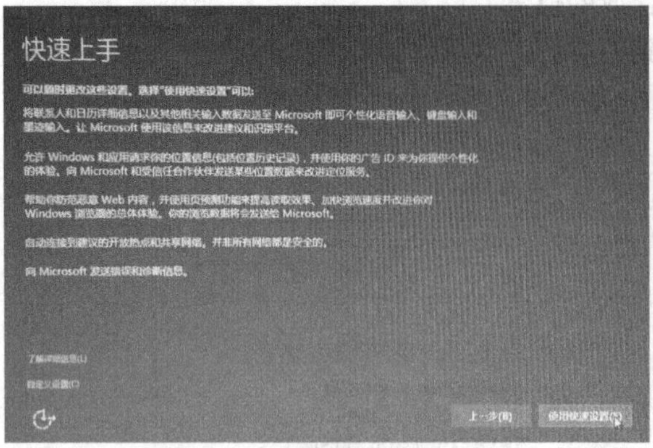

图 3-10 “快速上手”界面

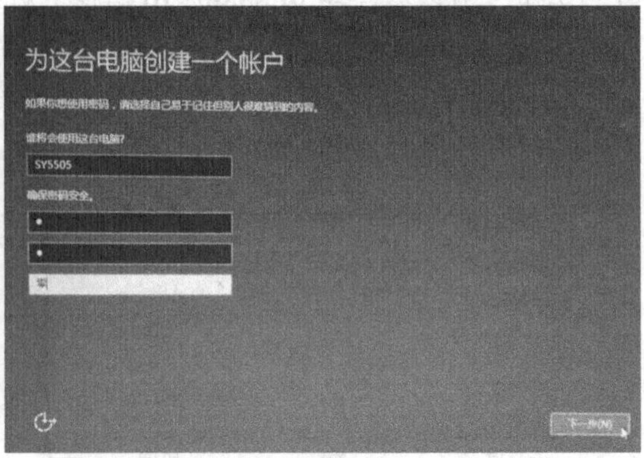

图 3-11 “创建账户”界面

10）经过一段时间的设置，进入 Windows 10 桌面环境，如图 3-12 所示。此时，全新安装 Windows 10 的过程结束。此外，整个安装过程中系统会自动重启 2～3 次，安装时长受计算机硬件配置影响。

图 3-12 全新安装 Windows 10 后的桌面环境

3.4 升级至 Windows 10

除了全新安装 Windows 10 以外，微软还提供直接升级服务，各个版本的 Windows 7 和 Windows 8.1 均可免费升级到 Windows 10。至于升级过程，可以分为第三方辅助升级和自助升级两种方法。

3.4.1 第三方辅助升级——360 升级助手

为了能够在中国更好地推广 Windows 10，微软选择了三个合作伙伴：联想、腾讯和奇虎 360。联想主要是在自己 PC 产品中预装 Windows 10，腾讯和奇虎 360 则分别通过电脑管家和 360 升级助手实现一键升级。这里仅介绍 360 升级助手的简要操作过程，至于使用电脑管家进行升级的过程这里不再赘述。

1）安装并运行最新版本的 360 安全卫士。然后在其主界面中的右下角单击“更多”图标，打开如图 3-13 所示的界面。

2）在界面中间的位置，单击“升级助手”按钮，随后 360 升级助手自动下载并运行，如图 3-14 所示。

图 3-13　360 安全卫士的工具界面

图 3-14　360 升级助手主界面

3）单击“立即免费升级”按钮，进入“许可证条款”界面，在此界面中，单击“确定”按钮，经过几分钟的硬件检测，360 升级助手给出检测结果，如图 3-15 所示。

4）如果硬件未通过检测，软件会给出未通过原因，待解决相关问题后，单击“立即升级”按钮，软件会自动开始联网升级，如图 3-16 所示。需要说明的是，由于是在线下载系统并升级，所以，依据网络速度和硬件的整体水平，Windows 10 系统安装的时间在 60～120min 之间不等，建议用户挑选方便的时间进行升级。

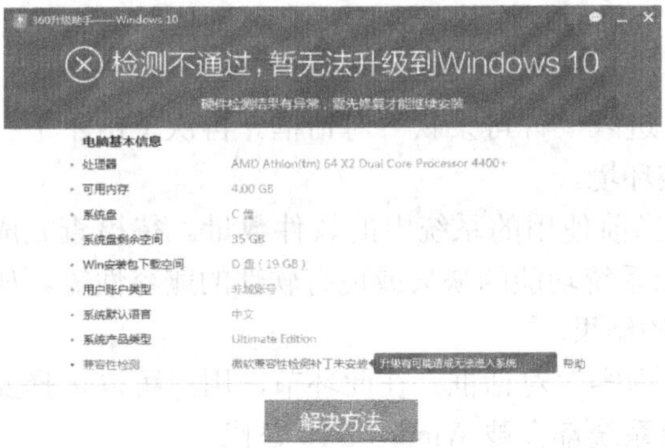

图 3-15　硬件检测结果

图 3-16　使用 360 升级助手一键升级至 Windows 10

3.4.2　Windows 7 自助升级至 Windows 10

与传统安装系统不同，微软此次提供的升级方式简单且人性化，即便初学者也能自助完成升级过程。概括来讲，整个升级过程就是双击下载的 Windows 10 镜像文件，等待成功升级即可。需要特别说明的是，自助升级后，原有系统盘所有的用户数据以及安装的软件全部整体迁移至 Windows 10，用户不用像之前那样再次安装常用的工具软件。

为了让读者了解升级过程，这里向读者介绍 Windows 7 升级至 Windows 10 的操作步骤。至于 Windows 8.1 升级过程与 Windows 7 相同，这里不再赘述。

1）从正规渠道下载 Windows 10 镜像文件，后缀名为“.iso”。

2）将该镜像文件放置于本地磁盘的任何一个分区，双击镜像文件目录下的“setup.exe”，此时弹出如图 3-17 所示的对话框。

图 3-17　“Windows 10 安装程度”对话框

根据需要选择更新硬件驱动的方式，这里选择“不是现在”选项，原因在于在升级 Windows 10 过程中，系统会自动联网更新硬件驱动，而极个别驱动在 Windows 10 环境下会出现不兼容的现象，为了确保升级正常进行，待成功安装系统后再升级硬件驱动也是可以的。

3）根据系统提示，单击“下一步”按钮，进入“许可条款”对话框。再次单击“下一步”按钮，表明接受许可条款，系统会检查安装环境。

此环节运行需要的时间，主要取决于用户当前使用的系统中的软件数量。待检查完成后，安装程序会列出用户需要注意的事项，例如系统功能的缺失或现有软件的兼容性等。如果没有需要注意的事项则会显示如图 3-18 所示的结果。

4）单击“安装”按钮进入“选择要保留的内容”对话框。在此环节，用户可以选择要保留的项目，但无论选择哪个选项，升级后当前系统都会被 Windows 10 替代。

需要说明的是，这里“个人文件”是指“用户”文件夹下的内容，具体哪些应用可以保留取决于这些应用在 Windows 10 中的兼容性。如果选择“不保留任何内容”，升级后“个人文件”仍会被保存下来，移至名为 Windows.old 的文件夹中。

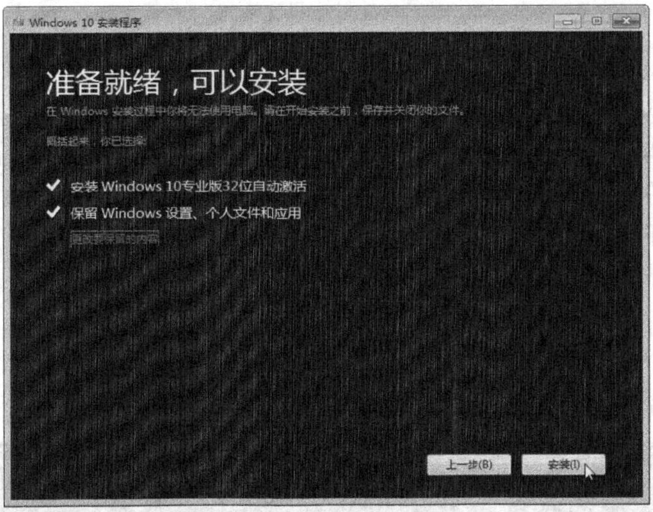

图 3-18　准备就绪

5）单击“下一步”按钮，待系统重新评估安装条件后，会再次弹出“准备就绪，可以安装”页面，此时单击“安装”按钮，即可顺利升级安装，升级过程如图 3-19 所示。需要说明的是，此环节是一个比较耗时的过程，大约需要 1 小时以上的时间，其间电脑会自动重启 3 次。

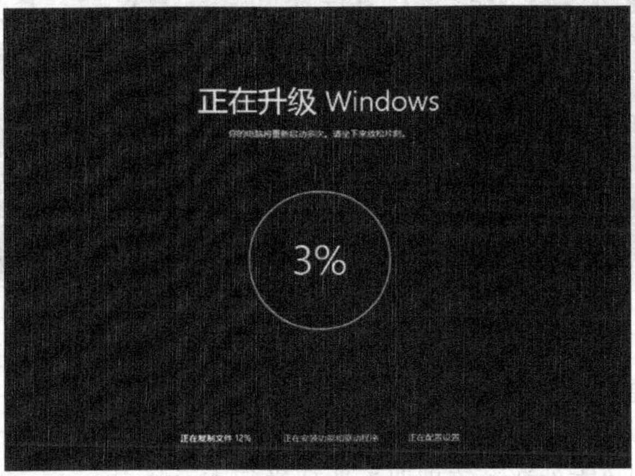

图 3-19　升级过程

6）成功升级安装后，即可进入 Windows 10 桌面环境。

3.5　体验 Windows 10 及其常规配置

3.5.1　体验 Windows 10

进入升级后的 Windows 10 桌面环境后可以发现，升级后的 Windows 10 依然保留原有 Windows 7 的桌面文档和原始应用，这也体现出 Windows 10 在安装方式方面的简单化和人性化。

1．创建虚拟桌面

微软在 Windows 10 中加入了虚拟桌面的功能，用户可以建立多个桌面，且在各个桌面上运行不同的程序互不干扰。用户可以通过按〈Win+Tab〉组合键来查看当前所选择的桌面正在运行的程序，在屏幕下方还可以增加、切换和关闭桌面，如图 3-20 所示。有关虚拟桌面的快捷组合键如下。

〈Win+Ctrl+Left/Right〉组合键：切换上个或下个桌面。

〈Win+ Ctrl +D〉组合键：创建新的桌面。

〈Win+ Ctrl +F4〉组合键：关闭当前的桌面。

〈Win+Tab〉组合键：触发虚拟桌面。

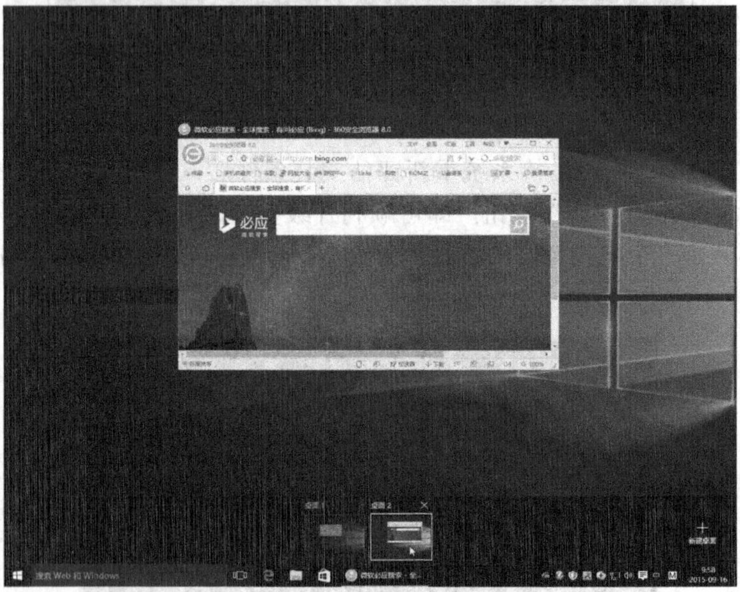

图 3-20　Windows 10 虚拟桌面

2．文件资源管理器

全新安装 Windows 10 后，在桌面上就找不到之前系统的“我的电脑”图标，只能通过单击“开始”菜单中的“文件资源管理器”选项进行查看。

当用户选择某个驱动盘或者某个文件时，“文件资源管理器”顶部工具栏会显示不同类型的功能，如图 3-21、图 3-22 和图 3-23 所示，用户可以方便地在顶部工具栏中执行各种常规操作。

图 3-21　“文件资源管理器”顶部的“计算机”选项卡

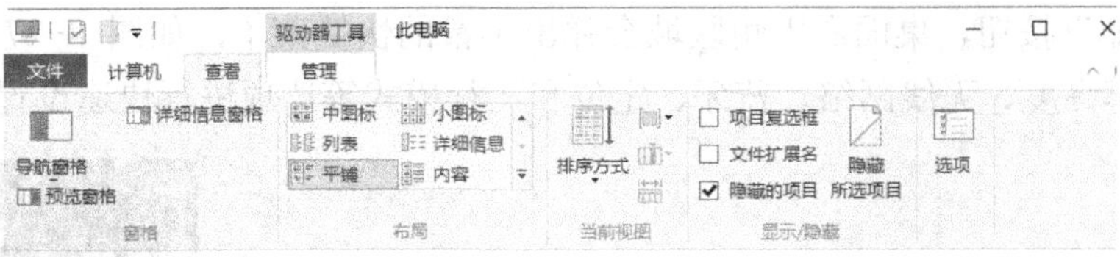

图 3-22 “文件资源管理器”顶部的“查看”选项卡

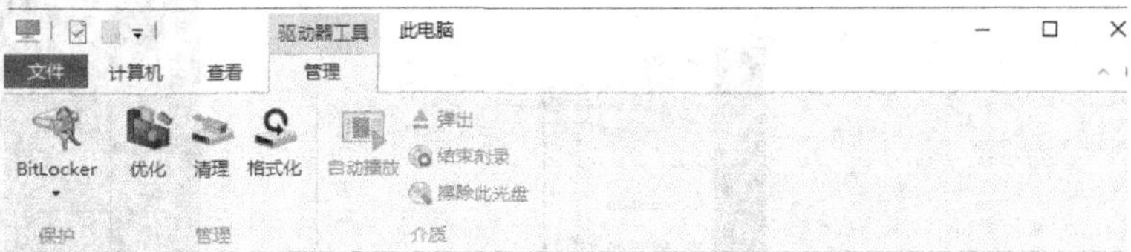

图 3-23 “文件资源管理器”顶部的“管理”选项卡

3. Edge 浏览器

Edge 浏览器是一款与 IE 浏览器完全不同的产品，如图 3-24 所示。在 Edge 中，微软利用了核心的 MSHTML 渲染引擎，剥离了不再需要的支持后向兼容性的所有代码，也开始支持基于 JavaScript 的扩展程序，允许第三方对 Web 网页视图进行定制，增添新的功能。

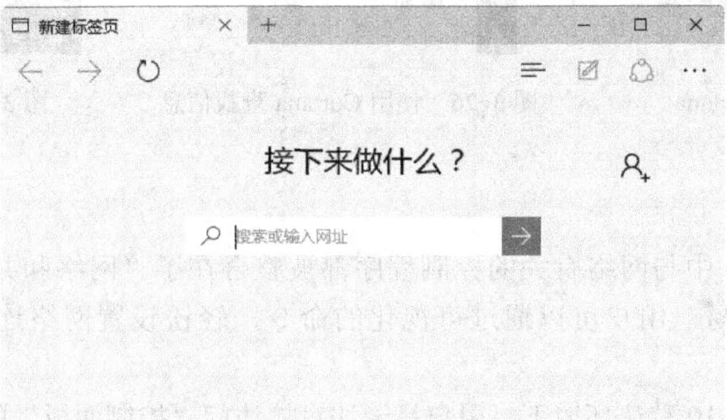

图 3-24 Edge 浏览器

4. Cortana 语音助手

Windows 10 引入了 Cortana 语音助手。Cornata 是微软的个人语音助理服务，旨在帮助用户快速管理自己的生活，更加容易、方便地在 PC、Windows 10 平板和手机中处理事务。

“开始”菜单旁边的搜索框就是用户与 Cortana 互动的入口，初次使用 Cortana 语音助手时，需要进行简单的设置，如图 3-25 所示。待跟随设置向导完成设置后，用户可以通过麦克风或键盘搜索需要的信息，如图 3-26 所示。例如，用户在搜索框中输入“打开计算器”，则 Cornata 会自动打开系统自带的计算机；如果用户输入“今天股票行情”，则 Cornata 会自动打开 Edge 浏览器，使用“必应搜索”检索相关内容。

5. “通知”菜单

Windows 10 系统托盘区的“通知”菜单与之前各版本 Windows 相比有很大变化。这种将多种常用设置整合在一个快捷菜单中的设计思路，是由移动设备迁移过来的。

单击“通知”按钮，桌面右下角区域会弹出丰富的快捷菜单，如图 3-27 所示。在这里用户可以对屏幕亮度、无线网络、蓝牙、定位和飞行模式等选项进行快速设置。

图 3-25　设置 Cortana

图 3-26　使用 Cortana 查找信息

图 3-27　“通知”菜单

3.5.2　设置网络

在 Windows 10 中与网络有关的控制程序都被整合在了“网络和共享中心”中，相关操作也变得更加简易，用户可以通过可视化的命令，轻松设置网络连接。操作步骤具体如下。

1）在 Windows 10 默认环境下，用户是无法直接访问“控制面板”的，只能通过右键单击“开始”菜单，并在弹出的子菜单中进行选择。

2）进入“控制面板”，再依次选择“网络和 Internet”→“网络和共享中心”，此时可视化视图的操作界面如图 3-28 所示。在此界面中，用户很容易进行各种网络设置，并实时了解当前网络的状态。

3）由于 Windows 10 在安装时已经自动配置了网络协议，所以用户仅需准备用于上网的账号和密码即可。在“网络和共享中心”界面中，单击“更改网络设置”中的“设置新的连接和网络”文字链接，此时弹出如图 3-29 所示的对话框。在此对话框中选择“连接到 Internet”选项，然后单击“下一步”按钮。

4）跟随设置向导进行简单设置。最后，输入用户名和密码并单击“连接”按钮，即可连接网络。

图 3-28　网络和共享中心界面

图 3-29　“设置连接或网络”对话框

3.5.3　BitLocker 驱动器加密

BitLocker 驱动器加密是操作系统自带的一款加密软件，此功能可以有效地为 Windows 驱动器中的所有文件提供保护。用户如果想要访问受 BitLocker 保护的驱动器，则必须使用密码、智能卡或自动解锁驱动器来访问。这里以加密 D:盘驱动器为例来向读者介绍这一功能和相关设置方法。

1）右键单击“开始”菜单，在弹出的菜单中选择“控制面板”命令。

2）进入控制面板界面后，在系统和安全大类中，找到并单击“Bitlocker 驱动器加密”文字链接，如图 3-30 所示。

图 3-30　系统和安全界面

3）单击该文字链接，进入如图 3-31 所示的设置界面。

4）单击“启用 Bitlocker”文字链接，弹出如图 3-32 所示的对话框。在此对话框中，用户根据实际情况选择适合的解锁方式，这里勾选“使用密码解锁驱动器”复选框，并输入密码。待设置完成后，单击“下一步”按钮。

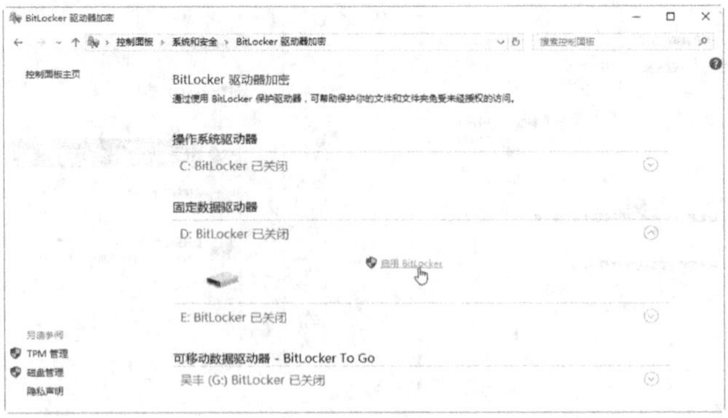

图 3-31 Bitlocker 驱动器加密设置界面

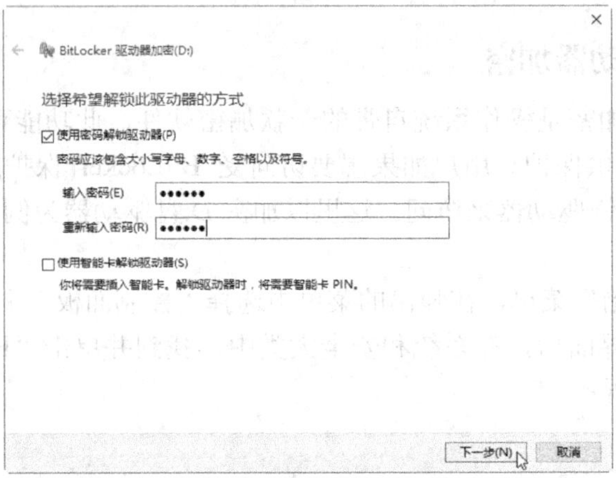

图 3-32 选择解锁驱动器的方式

5）此时弹出如图 3-33 所示的对话框。在此对话框中，用户可以选择存储恢复密钥的方式，以便在忘记密码或丢失智能卡时使用恢复密钥访问驱动器。这里建议用户将恢复密钥保存在本地计算机之外的设备中，待选择合适的方式后，单击“下一步”按钮。

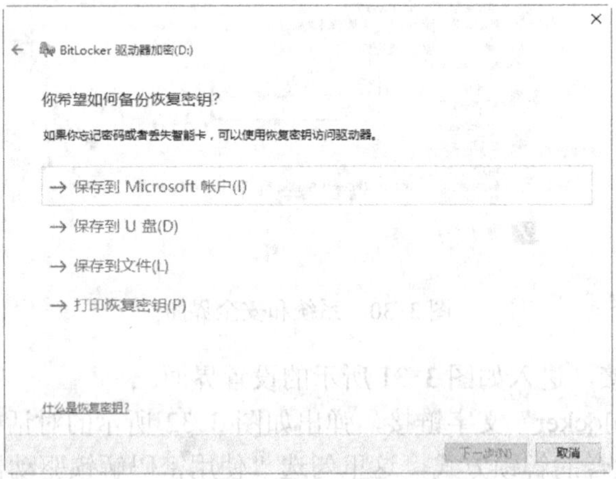

图 3-33 选择存储恢复密钥的方式

6）随后弹出“准备加密驱动器”对话框，单击“启动加密”按钮，系统会对刚才指定的驱动器加密，其加密所花费的时间取决于驱动器中内容的多少。

7）完成加密后，右键单击加密后的驱动器，选择其中的“管理 BitLocker”选项，在弹出的对话框中，可以执行更改、删除和添加密码等操作。

通过 BitLocker 驱动器加密过的驱动器，在显示图标上也有明显变化。当再次访问 D: 盘时，需要输入之前设置的密码或提供恢复密钥才能访问驱动器，这样就能很好地保证数据安全。

3.5.4 Windows 10 系统的“回退”功能

使用升级方式更新到 Windows 10 是大部分用户选择的方式，但难免也会有用户因为各种原因需要降级到原来的 Windows 7 或 Windows 8.1 系统。按照之前的做法，若要更换为低版本操作系统，只有格式化硬盘重新安装系统这一种方式，但在 Windows 10 时代，微软为这部分用户提供了更加人性化的“回退”功能。操作步骤具体如下。

1）在“开始”菜单中选择“设置”选项，此时打开“设置”界面，如图 3-34 所示。

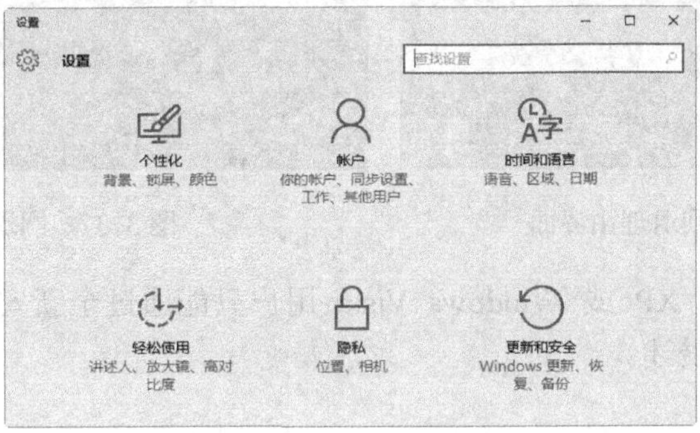

图 3-34 “设置”界面

2）单击“更新和安全”图标按钮，并在其左侧列表中选择“恢复”选项，此时的界面如图 3-35 所示。

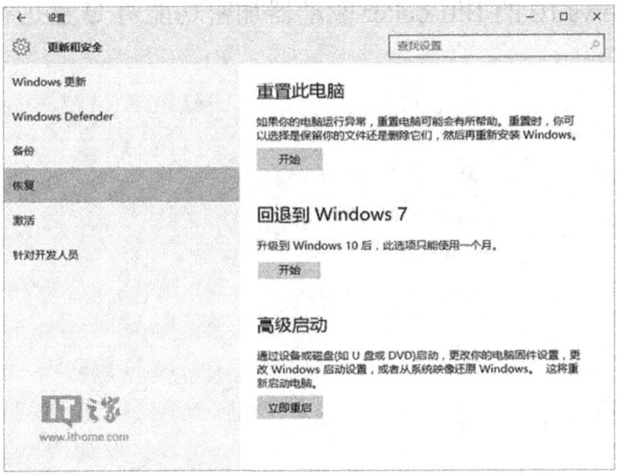

图 3-35 “更新和安全”界面

3）在右侧“回退到 Windows 7”选项区域中，单击“开始”按钮进行系统降级操作。

4）此时进入“选择回退理由”界面，如图 3-36 所示。根据实际情况，设置回退理由，单击“下一步”按钮。

5）随后，系统会给出注意事项等内容，提醒用户在回退全过程内要有稳定的电源支持，这里单击“下一步”按钮。

6）跟随系统向导进行设置，最后单击“回退到 Windows 7”按钮，系统将自动重启，并开始回退过程，该过程耗费的时间与原系统软件安装等使用情况有直接关系，如图 3-37 所示。

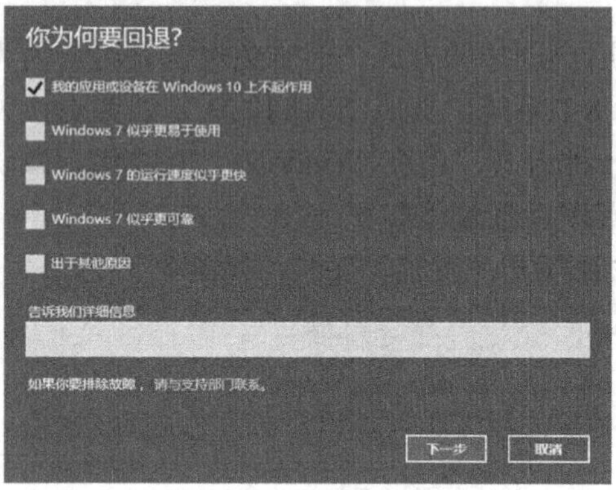

图 3-36 选择回退理由界面

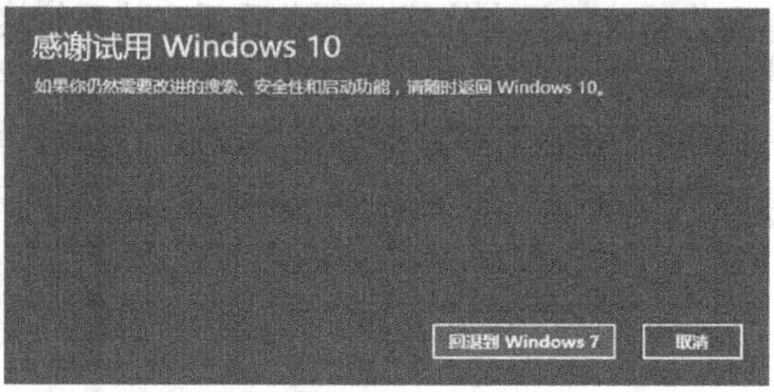

图 3-37 回退到 Windows 7

至于其他 Windows XP 或 Windows Vista 用户只能通过全新安装操作系统的方式卸载 Windows 10，这里不再赘述。

3.6 实训习题

1．使用自己的 U 盘制作一个系统启动盘。

2．使用 Cortana 语音助手完成一次检索。

3．如何使用 Windows 10 的 BitLocker 驱动器加密功能对 U 盘进行加密？

实训4　计算机主要硬件的检测

在之前的实训过程中，读者已经练习了计算机硬件的组装和操作系统的安装。要想真正了解硬件的某些性能参数，还需要对计算机硬件进行检测。本节实训内容就向读者介绍如何利用第三方软件来检测计算机硬件的性能。

4.1　实训任务

通过本次实训的内容，了解部分计算机硬件主要的性能参数，让学生全程体会安装应用软件和系统性能测试的全过程，巩固所学知识，提高学生分析判断、独立思考的能力，使学生在以后的实践中能够有效地解决实际问题。

4.2　CPU的检测

CPU-Z是一款家喻户晓的CPU检测软件。通过该软件的测试，很容易了解有关CPU的制作工艺、核心速度、总线速度、缓存等一系列详细性能指标。

4.2.1　知识准备

1．CPU的主频

CPU的主频是指CPU内核工作时的时钟频率（CPU Clock Speed）。在电子应用技术中脉冲信号是按照一定电压，一定时间间隔连续发出的信号，信号与信号之间的时间称为周期，而在单位时间内产生的脉冲个数称为频率。频率的计量单位是Hz（赫）。计算机的系统时钟就是一个连续稳定的脉冲信号发生器。

一般所说的CPU是多少MHz的，指的就是CPU的主频。可见CPU的主频表示的是在CPU内数字脉冲信号震荡的速度。

主频并不代表CPU的运行速度，在某些情况下，很有可能会出现CPU主频较高但实际运算能力较低的现象。主频仅仅是CPU整体性能的一个表现，并不能代表全部，但提高主频对提高运行速度至关重要。

提高CPU的主频对生产工艺要求很高，因为CPU的依托材质是半导体硅片，而在硅片上的元件之间需要导线进行连接，要想提高主频就要求导线越短越好，所以制造工艺的发展对CPU主频的发展影响巨大。

2．CPU的外频

CPU的外频是基准频率，单位是MHz，它决定着整块主板的运行速度。在实际系统的运行过程中，系统的整体速度不但由CPU的速度决定，而且还受主板和内存速度的制约。可以说在计算机系统中，外频也是内存与主板之间的同步运行的速度。在这种方式下，可以理解为 CPU 的外频直接与内存相连通，从而实现两者间的同步运行状态，即无论 CPU 内部的主频速率有多高，数据一出 CPU，都将降到与主板相同的速率。

3．CPU 的倍频

CPU 的核心工作频率与外频之间存在着一个比值关系，这个比例系数称为倍频。倍频的取值范围理论上是 1.5 到无穷大，而在实际情况中，在相同外频的前提下，无限制的提高倍频对 CPU 的意义并不大。原因是 CPU 与系统之间还存在数据传输效率的问题，数据传输的速度是有极限的，一味地提高倍频虽然能得到高主频的 CPU，但是瓶颈效应也会马上显现，这里的瓶颈效应指的是系统通过总线运送到 CPU 中的数据不能满足 CPU 的运算速度。需要说明的是，倍频增加的间隔单位是 0.5，但目前 CPU 的倍频绝大多数都已经被锁定，无法修改。

CPU 的主频、外频和倍频的关系是：主频＝外频×倍频。

4.2.2 检测方法

1．CPU-Z 的安装

从各大软件下载门户网站上下载 CPU-Z 的最新版本，按照软件提示进行安装即可。

2．检测 CPU

运行该软件，经过几秒钟的等待后，弹出如图 4-1 所示的对话框。从图中可以看出软件分为“处理器”“缓存”“主板”“内存”“SPD”“显卡”“测试分数”和“关于”八个选项卡，选择“处理器”选项卡后，对话框将显示有关 CPU 的全部详细参数。

从图中可知，本例中被测试 CPU 的名称为“Intel Core i3 4150”；内核类型（代号）是“Haswell”；散热设计功耗（TDP）是“54.0W”；插槽类型为“Socket 1150 LGA”；核心电压为“0.144V”；工艺为“22nm”；核心速度为“799.81MHz”；倍频为“×8.0(8-35)”；总线速度为“99.98MHz”；一级数据缓存大小为“2×32KB”；一级指令缓存大小为“2×32KB”；二级缓存大小为“2×256KB”；核心数为“2”。

3．检测缓存

一级缓存又可以细分为数据读写缓存和代码指令缓存。运行 CPU-Z 后，选择“缓存”选项卡，此时软件将有关缓存的信息显示在“缓存”选项卡中，如图 4-2 所示。

图 4-1 “CPU-Z”对话框

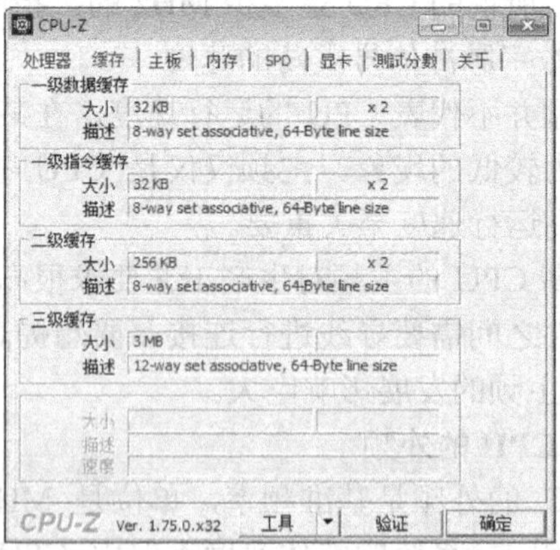

图 4-2 “缓存”选项卡

4. 检测内存

启动 CPU-Z 后，选择“内存”选项卡，如图 4-3 所示。从图中得知，本例中所使用的内存类型为 DDR3，容量大小为 4GB，而且内存工作在 799.8MHz 的频率上。

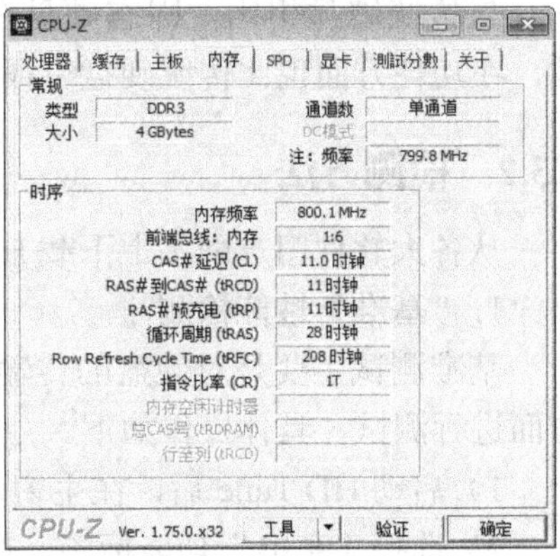

图 4-3 “内存”选项卡

4.3 硬盘的检测

HD Tune 是一款用于硬盘检测的工具，主要功能有硬盘传输速率检测、健康状态检测、温度检测以及磁盘表面扫描等，且具有速度快、功能全面等特点。

4.3.1 知识准备

1. 硬盘容量

磁盘容量是磁盘最主要的参数之一。目前磁盘容量的单位为 GB 或 TB，主流的硬盘容量一般为 500GB、1TB 和 2TB。由于单位换算的问题，在操作系统中查看的硬盘容量与官方标称的硬盘容量不符，都要小一些，这属于正常情况。

2. 单碟与多碟

磁盘是由多个存储碟片组成的，单碟的容量也是磁盘的重要参数之一，在一定程度上它决定了磁盘档次的高低。单碟容量指的是一个存储碟片所能存储最大的数据量，单碟容量越大，单位成本越低，平均访问时间也就越短。在增加磁盘容量方面，制作厂商一般会通过两种方法来增大磁盘容量，一种是增加存储碟片数量，但由于受到磁盘体积和成本的制约，一般不会超过 5 片；另一种是通过增加单碟容量的方法提升磁盘整体容量。

3. 转速

转速指的是硬盘盘片每分钟转过的圈数，单位是 r/min。硬盘的转速越快，单位时间内所转过的角度就越大，在磁盘中寻找文件的速度也就越快，传输的速度也会随之提高，硬盘的整体性能也就越好。目前主流台式机使用的硬盘转速一般为 7200r/min，服务器使用的硬盘转速大多为 10000r/min，有些甚至可以达到 15000r/min。

4. 传输速率

硬盘的传输速率指的是硬盘读写数据的速度，单位为兆字节每秒（MB/s）。硬盘数据传输速率又包括了内部数据传输速率和外部数据传输速率。

1）内部传输速率指的是连续传输速率，这个参数指标反映了磁头到硬盘高速缓存之间的最大数据传输速度，也是影响整个硬盘速度的关键参数。

2）外部传输速率是指从硬盘缓冲区读取数据的速度，也称为突发数据传输速率或接口传输速率。外部传输速度与硬盘接口类型和硬盘缓存大小有关系。

5. 固态硬盘（SSD）

固态硬盘指的是用固体电子存储芯片阵列制成的硬盘，其接口规范、功能以及使用方法和普通硬盘完全相同，唯一不同的就是没有普通硬盘的旋转介质。

与传统硬盘相比，固态硬盘在数据存储速度方面更胜一筹；同时由于少了很多机械部件，在功耗方面也比传统硬盘少很多，具有发热量小、散热快、噪音小等特点。

4.3.2 检测方法

从各大软件门户网站上下载 HD Tune 软件，无需安装，直接双击运行即可检测。

1．“基准”性能检测

基准测试主要是对硬盘的传输速率、存取时间、突发数据传输速率和 CPU 占用率这几方面进行测试，具体操作如下。

1）启动 HD Tune 后，在主窗口左上角下拉菜单中选择待测试的硬盘。

2）选择“基准”功能标签，在窗口右侧单击“读取”单选按钮。

3）最后单击“开始”按钮，此时软件开始对硬盘进行测试。在测试过程中，软件在坐标窗口中以曲线的形式记录测试过程，经过 5～10min 测试完成，如图 4-4 所示。随后，软件将测试结果汇总显示在窗口右侧对应的文本框中。

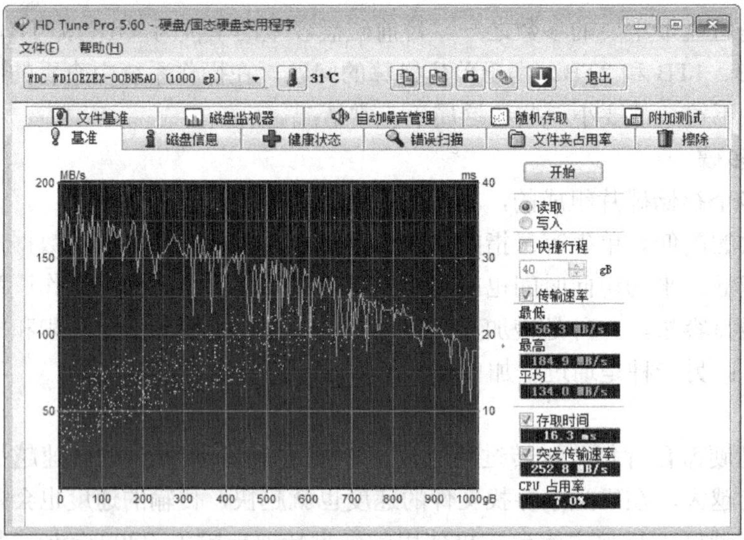

图 4-4 基准测试

从图 4-4 中可以看出，此款硬盘的传输速率最小值为 56.3MB/s；最大值为 184.9MB/s；存取时间为 16.3ms；突发数据传输速率为 252.8MB/s；CPU 占用率为 7.0%；总体来说硬盘的性能表现不错。

2．“磁盘信息”检测

启动软件后，选择“磁盘信息”功能标签，在此标签中软件可以检测出硬盘所支持的硬件特性以及相关的硬件信息，如图 4-5 所示。从图中可以看出，此块硬盘容量约为 1000GB，接口类型是 SATA 3（6.0Gb/s），硬盘转速 7200r/min，支持 UDMA Mode 6 模式。此外，还支持 S.M.A.R.T、48 位寻址、待机通电等多种技术特性。

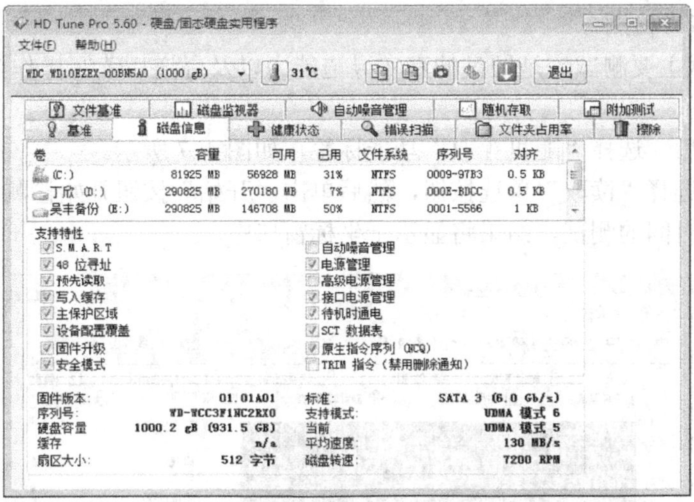

图 4-5　硬盘信息检测

3.“文件基准”测试

文件基准测试的主要目的是测试硬盘的缓存性能以及突发传输能力。由于此项测试存在较大的随机性，所以测试结果只能作为参考。

1）启动 HD Tune，选择“文件基准”功能标签。

2）在此窗口的右侧“驱动器”下拉菜单中选择驱动器名称，这里选择“D:”作为测试对象。

3）在“文件长度”下拉菜单中选择用于测试的文件大小，这里选择“500MB”。

4）设置完成后，单击“开始”按钮开始测试。此时，软件实时地将硬盘读写速度显示于坐标窗口中，如图 4-6 所示。

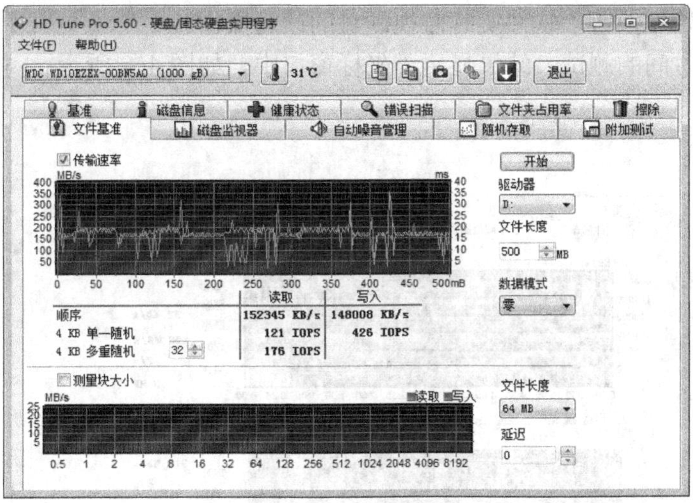

图 4-6　文件基准检测

4.“随机存取”检测

随机存取测试主要测试的是硬盘的真实寻道能力以及寻道后读写操作全过程的总时间。具体操作步骤如下。

1）启动软件后，选择“随机存取”功能标签，如图 4-7 所示。

2）在窗口中选择“读取”单选按钮，然后单击“开始”按钮开始检测。

3）经过一段时间的测试，结果将显示于坐标窗口中。

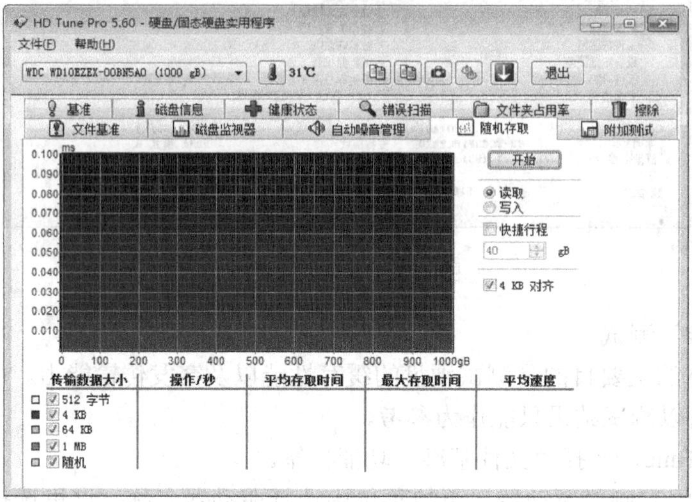

图 4-7　随机存取检测

5.“磁盘监视器”测试

磁盘监视器测试主要是监视当前磁盘的读写操作。具体操作步骤如下。

1）启动软件后，选择“磁盘监视器”功能标签，即可进入监控界面。

2）单击“开始”按钮，软件实时监视硬盘的读写操作。

3）经过一段时间的测试，结果显示于坐标窗口中，如图 4-8 所示。

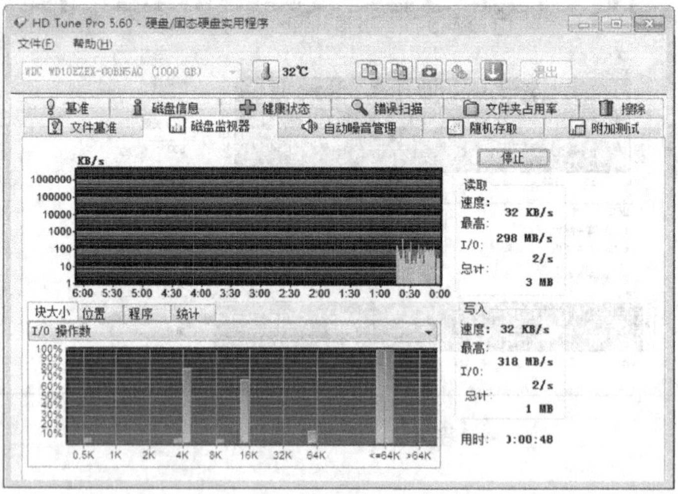

图4-8　磁盘监控器检测

4.4 显卡的检测

GPU-Z 是一款显卡识别工具。通过该软件的测试，读者很容易了解有关显卡的运行频率、带宽以及核心数量等重要参数。

4.4.1 知识准备

1. 显存容量

显存容量就像内存一样，是显卡本身自带的显存容量数，这个参数也是衡量显卡性能高低的重要参数之一。显存容量大就意味着暂存数据的能力强，这在一定程度上反映了显卡的性能。主流的显卡显存容量一般为 1024MB，而某些高端显卡的显存容量已经达到 4096MB。

2. 显存位宽

显存是由许多显存芯片组成的，所以显存的位宽是由各个显存芯片的位宽构成的。显存位宽是显存在一个时钟周期内所能传送数据的位数，位宽越大表明在单位时间内传送的数据越大。主流的显存位宽主要有 192bit 和 256bit，少量高端显卡的显存位宽则达到 512bit。

3. 显存速度

显存时钟周期是显存时钟脉冲的重复周期，它是衡量显存速度的重要指标。显存的速度越快，单位时间交换的数据量就越大，显卡性能也将会明显提升。显存的时钟周期一般以 ns（纳秒）为单位。

4. 显存类型

显存是显卡关键的核心部件之一，显存的优劣直接影响到显卡的最终性能。显存也称为帧缓存，其作用就是储存显卡芯片处理过或即将提取的渲染数据。显存类型有 GDDR5、GDDR4、GDDR3 和 GDDR2 等。

5. 核心频率

显卡的核心频率指的是显示核心的工作频率，该工作频率在一定程度上能够反应显示核心的性能。由于显卡的性能是由核心频率、显存、像素管线和像素填充率等多方面情况决定的，所以在显示核心不同的情况下，核心频率高并不代表显卡的性能就好。

4.4.2 检测方法

从各大软件门户网站上下载 GPU-Z 软件，无需安装，直接双击运行即可检测。

1. 核心频率

显卡的核心频率是指显示核心的工作频率，其工作频率在一定程度上可以反映出显示核心的性能，但显卡的性能是由核心频率、显存、像素填充率等多方面情况所决定的，因此在显示核心不同的情况下，核心频率高并不代表此显卡性能强劲。

2. 显卡检测

启动 GPU-Z，经过几秒钟的检测后，弹出如图 4-9 所示的对话框，选择“显卡”选项卡。本例中被测试的显卡的详细参数一目了然：显卡名称为“NVIDIA GeForce GTX 650”；生产工艺为“28nm”；总线接口为“PCI-E 3.0×16”；DirectX 支持版本为“12”；显存类型为

"GDDR5"；显存大小为"1024MB"；像素填充率为"17.8GPixel/s"；纹理填充率为"35.6GPixel/s"；总线宽度为"128 位"；带宽为"80.0GB/s"。

3．传感器检测

启动 GPU-Z，选择"传感器"选项卡，如图 4-10 所示。在此选项卡中，软件将当前显卡的实时参数通过传感器显示在选项卡中，包括 GPU 核心时钟、GPU 显存时钟、GPU 温度、风扇转速和 GPU 负载等诸多内容。用户通过此选项卡可以辅助了解当前显卡的状态。

图 4-9 "显示"选项卡

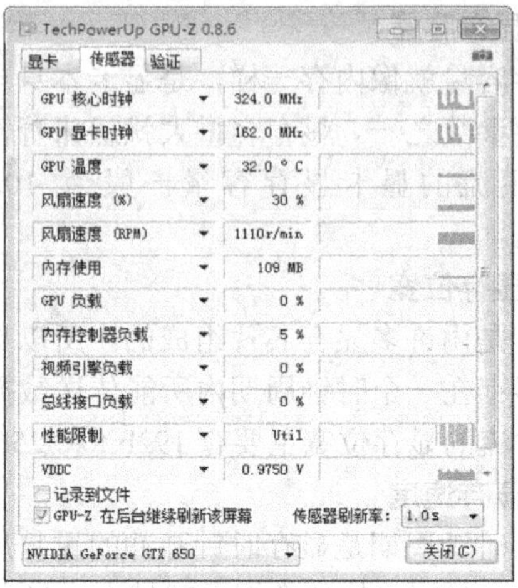

图 4-10 "传感器"选项卡

4.5 实训习题

1．使用 CPU-Z 检测计算机 CPU，并说明主要参数含义。

2．使用 HD Tune 检测计算机硬盘，并说明主要参数含义。

3．使用 GPU-Z 检测计算机显卡，并说明主要参数含义。

实训5　笔记本电脑的维护

本实训主要从笔记本电脑的组成、相关配件、保养和选购等方面介绍有关笔记本电脑的基本知识。

5.1　实训任务

本实训内容主要包括笔记本电脑概述、组成、周边设备、故障及其日常保养和选购。

5.2　笔记本电脑概述

近些年，随着生产成本的不断降低，笔记本电脑市场空前繁荣，越来越多的用户倾向于选择笔记本电脑。常见的品牌有联想、惠普、戴尔、苹果、微软、华硕、海尔、神舟和宏碁等。

笔记本电脑市场的产品类型划分较为细致，根据不同的消费群体，产品的侧重点也不同。结合市场上笔记本电脑的产品定位以及销售情况，大致可以分为商务型笔记本电脑、家庭娱乐型笔记本电脑、超极本、二合一类型笔记本电脑和特种笔记本电脑五大类。

5.2.1　商务型笔记本电脑

商务型笔记本电脑主要面向商务办公领域的用户而设计。对于商务人士来说，信息安全的重要性不言而喻，此类型笔记本电脑不仅拥有更高的机身坚固性，而且还有较强的数据保密能力和便携能力。

联想 ThinkPad 系列的笔记本电脑就是典型的商务笔记本，如图 5-1 所示。

图 5-1　联想 ThinkPad

具体地讲，商务型笔记本电脑相比其他类型的电脑，在以下几方面有较高要求：

（1）稳定性

无论是硬件，还是操作系统或办公软件，都要能够安全且高效地运行。

（2）续航能力

续航能力指的是笔记本电脑在一次充满电后，在不外接电源的情况下仅靠自身电池供电所能使用的时间。在移动办公环境下，由于不能保证正常的外接电源供应，故对笔记本电脑电池的性能以及整机功耗方面有较高要求。

（3）数据安全

对于商务人士来说，数据的安全往往比电脑本身更为重要，所以商务型笔记本电脑除了配备大容量硬盘以外，一般还采用指纹识别和硬盘防震技术以确保数据的安全存储。

（4）机身外壳

商务型笔记本电脑经常处于外部环境较为复杂的场合，所以拥有重量轻且硬度高的机身外壳，才能有效抵御意外情况对机身内部硬件的伤害。

5.2.2 家庭娱乐型笔记本电脑

家庭娱乐型笔记本电脑主要侧重个性化需求，注重娱乐和影音效果，外形设计也更加时尚，很多都采用中高端独立显卡，如图 5-2 所示。具体来讲，主要有以下两方面的特点。

图 5-2　家庭娱乐型笔记本电脑

（1）注重人性化设计理念

该类型的笔记本电脑从外观设计到操作体验处处体现人性化的设计理念。如悬浮式键盘的独立按键，操作舒适；多媒体快捷键布局巧妙，方便实用；机身进行曲线设计并且色彩多样，充满时代气息。

（2）性能配置多样

为了能够满足用户多方位的娱乐需求，该类笔记本电脑配置多样。某些注重音效的笔记本电脑还采用 Dolby Sound Room（杜比标准听音室）技术，使得用户不论在听音乐、看电影还是玩游戏方面都能享受这种环绕立体声的听觉体验；显示方面，大多配备宽屏显示器；性能方面，大多采用中高端显卡、高性能的 CPU 以及大容量内存。

5.2.3 超极本

超极本作为笔记本电脑的一种延伸和创新，主要追求的是超薄的厚度设计，在便携性和移动性方面具有极大的优势，如图 5-3 所示。

图 5-3　三星 900X3G-K03 超极本

超极本与普通的笔记本电脑相比有以下几方面的优势。

1）使用低功耗的 CPU，电池续航可达 12h。

2）休眠后快速启动，启动时间小于 10s。

3）根据屏幕尺寸不同，厚度至少低于 20mm。

4）大多没有内置光驱，并且机身外壳采用镁铝合金、碳纤维和钛合金等材料制成，这些材质强度高、重量轻、散热性好。

5）部分品牌的超极本还可以变形成平板电脑，实现两用。

5.2.4 二合一类型笔记本电脑

在更加轻便的移动级市场，二合一类型笔记本电脑有着笔记本电脑的特性，同时兼顾了平板电脑的轻薄。对于移动办公需求较强的人群来说，这类产品有着传统笔记本电脑所不具备的多种优势。这里的“二合一”指的是键盘和平板电脑能独立拆装的笔记本电脑，拆开就是键盘和平板电脑，组合在一起就是普通笔记本电脑，如图 5-4 所示。

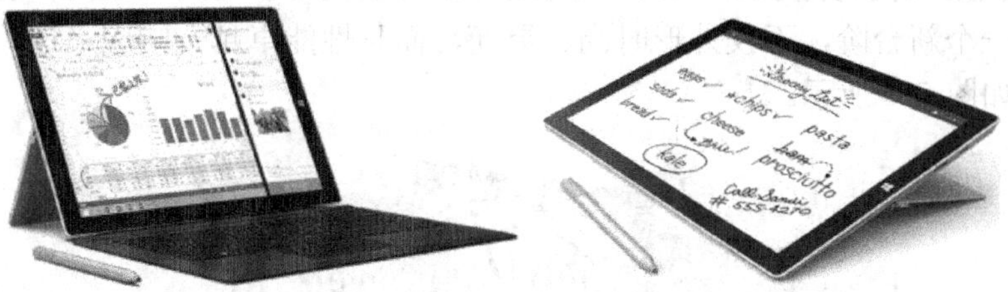

图 5-4 Microsoft Surface Pro 3 二合一类型笔记本电脑

5.2.5 特种笔记本电脑

特种笔记本电脑指的是应用于军事、公安、石油勘探、交通、极地科考以及其他户外作业等特殊场合的笔记本电脑，如图 5-5 所示。

该类笔记本电脑由于要满足特殊领域的需要，因此具有普通笔记本电脑不具备的特点，如防水防尘、抗震抗冲击、宽温工作（能够在高温或低温下正常工作）、便于携带（不需要电脑包）、防电磁辐射、便携式防震硬盘、超高密度触摸屏、全封闭式端口和接口以及超长待机时间等。

图 5-5 所示的特种笔记本电脑是新华社在跟踪报道奥运圣火登顶珠峰的过程中所使用的笔记本电脑。由于要在气压低、温差大、高海拔等恶劣自然条件下正常工作，并且要担负大量数据传输任务，所以笔记本电脑要具备极好的稳定性和安全性，这些苛刻的要求是普通笔记本电脑无法达到的。

图 5-5 松下 CF-19EHBAXTR 特种笔记本电脑

5.3 笔记本电脑的组成

笔记本电脑的组成结构与台式机十分相似，包括显示器、主板、中央处理器、显卡、硬盘、内存、光驱、鼠标、键盘、电池和电源适配器。

5.3.1 笔记本电脑的处理器

笔记本电脑的 CPU 英文叫做 Mobile CPU（移动 CPU），它与台式机的 CPU 有较大区别，一般来说，移动 CPU 采用更为先进的制造工艺。下面分别针对 Intel 和 AMD 公司的移动处理器进行介绍。

1. Intel 移动处理器

目前市场上适用于笔记本电脑的 Intel 移动处理器主要有酷睿 M 系列处理器、酷睿系列处理器、奔腾系列处理器等。为了让读者能全面了解 Intel 公司推出的移动处理器，这里主要针对主流的处理器加以介绍。

（1）英特尔酷睿 M 系列处理器

目前，新款第六代英特尔酷睿 M 系列处理器可以说是移动处理器的代表，它使移动计算技术迈上了一个新台阶，不仅外形时尚、灵便，而且性能卓越、响应飞速，有着超群的电池续航时间，如图 5-6 所示。

图 5-6　第六代英特尔酷睿 M 系列处理器

酷睿 M 系列处理器是采用 14nm Broadwell 架构的处理器，并且内置安全技术，可通过触摸、语音和面部识别的自然交互快速启动。此外，该类型处理器功耗仅为 4.5W，超低的功耗不仅意味着电池寿命延长，同时也赋予了 PC 硬件厂商更大的设计空间，比如取消风扇、加大电池容量等。

目前市场上，英特尔提供多种酷睿 M 系列处理器型号，如 5Y10、5Y71、5Y31、5Y51 等，这些处理器型号均搭载 Intel HD 5300 显卡，并具有双核心以及四线程能力，具体参数对比详见表 5-1。

表 5-1　**Intel 酷睿 M 处理器**

处理器名称	Intel Core M-5Y10a Processor	Intel Core M-5Y31 Processor	Intel Core M-5Y51 Processor	Intel Core M-5Y71 Processor
基本频率/超频最大频率	800 MHz/2GHz	900 MHz/2.4 GHz	1.1 GHz/2.6 GHz	1.2 GHz/2.9 GHz
缓存	4MB	4MB	4MB	4MB
制程	14nm	14nm	14nm	14nm
内核/线程数	2/4	2/4	2/4	2/4
热设计功耗	4.5W	4.5W	4.5W	4.5W
最大内存/内存通道数	16 GB/2	16 GB/2	16 GB/2	16 GB/2
内存类型	LPDDR3 1333/1600; DDR3L/DDR3L-RS 1600	LPDDR3 1333/1600; DDR3L/DDR3L-RS 1600	LPDDR3 1333/1600; DDR3L/DDR3L-RS 1600	LPDDR3 1333/1600; DDR3L/DDR3L-RS 1600
处理器显卡/显卡频率	Intel HD Graphics 5300/100 MHz	Intel HD Graphics 5300/300 MHz	Intel HD Graphics 5300/300 MHz	Intel HD Graphics 5300/300 MHz
指令集扩展	SSE4.1/4.2, AVX 2.0	SSE4.1/4.2, AVX 2.0	SSE4.1/4.2, AVX 2.0	SSE4.1/4.2, AVX 2.0

（2）Intel 酷睿系列与奔腾系列处理器

英特尔酷睿系列处理器主要面向中高端用户，而奔腾系列主要针对日常计算处理不高的用户群体。市场上主流的酷睿和奔腾系列处理器性能对比详见表 5-2。

表 5-2　Intel 酷睿系列与奔腾系列处理器

处理器名称	Intel Core i7-6700HQ Processor	Intel Core i5-6200U Processor	Intel Core i3-5020U Processor	Intel Pentium Processor N3520
基本频率/超频最大频率	2.6GHz/3.5GHz	2.3GHz/2.8GHz	2.2GHz/No	2.166GHz/No
缓存	6MB	3MB	3MB	2MB
制程	14nm	14nm	14nm	22nm
内核/线程数	4/8	2/4	2/4	4/4
热设计功耗	45W	15W	15W	7.5W
最大内存/内存通道数	64GB/2	32GB/2	16GB/2	8GB/2
内存类型	DDR4-2133、LPDDR3-1866、DDR3L-1600	DDR4-2133、LPDDR3-1866、DDR3L-1600	DDR3L 1333/1600 LPDDR 1333 /1600	DDR3L 1333
处理器显卡/显卡频率	Intel® HD Graphics 530/350MHz	Intel® HD Graphics 520/300MHz	Intel® HD Graphics 5500/300MHz	Intel® HD Graphics /313MHz
指令集扩展	SSE4.1/4.2，AVX 2.0	SSE4.1/4.2，AVX 2.0	SSE4.1/4.2，AVX 2.0	SSE4.1/4.2

（3）处理器的制造工艺

14nm 制造工艺是迄今为止 Intel 面临的最艰难的挑战，2015 年上半年才达到量产的标准。它使用第二代三维三栅极晶体管技术，可以提供业界领先的性能、功率、密度和单位晶体管成本，可以用于制造从高性能到低功耗等范围广泛的产品，栅极照片如图 5-7 所示。

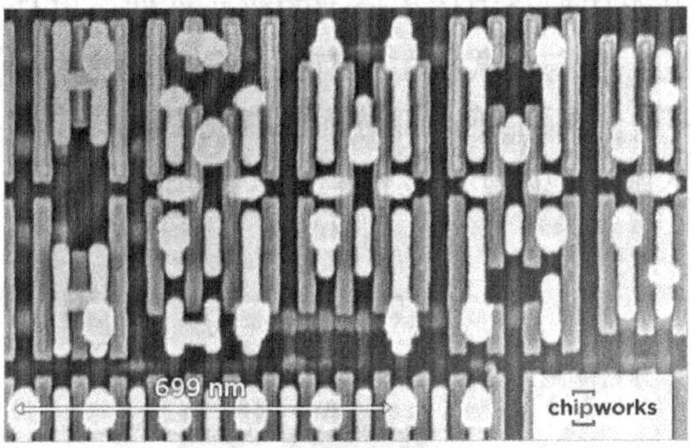

图 5-7　14nm 工艺下的栅极照片（门间距 70nm）

Intel 的 14nm 技术在维度、标度方面比 22nm 更出色，晶体管沟道更深、更薄、彼此之间距离更近，所以可以提高密度，降低电容。改进的晶体管所需沟道更少，可以进一步提高密度，而 SRAM 单元大小几乎只有 22nm 晶体管中的一半面积。此外，晶体管开关速度也在继续稳步提升，漏电率则在继续稳步下降，而且能适用于从服务器到桌面到笔记本电脑再到移动计算等各类设备。

2．AMD 移动处理器

（1）AMD 笔记本处理器种类

不得不承认笔记本电脑市场中，采用 AMD 移动处理器的笔记本电脑在销售份额和市场占有率方面与 Intel 相比还有较大差距。目前，AMD 针对笔记本电脑所生产的处理器主要有以下几款，详见表 5-3。

表 5-3　AMD 笔记本处理器种类

处理器名称	A10-7400P	A8-7100	A6-6310	A4-6210
计算核心数	10 (4 CPU + 6 GPU)	8 (4 CPU + 4 GPU)	4 CPU	4 CPU
基本频率/超频最大频率	3.4 GHz/ 2.5 GHz	3.0 GHz/ 1.8 GHz	2.4 GHz/ 1.8 GHz	1.8 GHz
GPU 时钟频率	654 MHz	514 MHz	800 MHz	600 MHz
二级缓存	4 MB	4 MB	2 MB	2 MB
内存	DDR3-1866	DDR3-1600	DDR3L-1866	DDR3L-1600
热设计功耗	35W	20W	15W	15W

（2）ARM TrustZone 技术

ARM TrustZone 是一套系统级的安全解决方案，它运行于硬件之上，通过将 CPU 分割为两个虚拟的“世界”来建立安全环境。保密任务将运行于 AMD 安全处理器（即“安全世界”）中，而其他的任务则以“标准操作”方式运行。这种处理方式有助于确保敏感数据和受信任的应用程序实现安全存储及处理。此外，它还可以保护关键资源的完整性和机密性，例如用户界面和服务提供商的资产等。

5.3.2　笔记本电脑的主板

1．笔记本电脑主板简述

笔记本电脑的主板是其组成部分中体积最大的核心部件，也是 CPU、内存和显卡等各种配件的载体。笔记本电脑的主板与台式机主板有很大区别，这主要是由于笔记本电脑追求的轻薄、便携等特性而引起的。主板上绝大部分元件都是贴片式设计，电路的密集程度和集成度非常高，其目的就是最大限度地减小体积和重量。如图 5-8 所示的是笔记本电脑的主板实物外形。

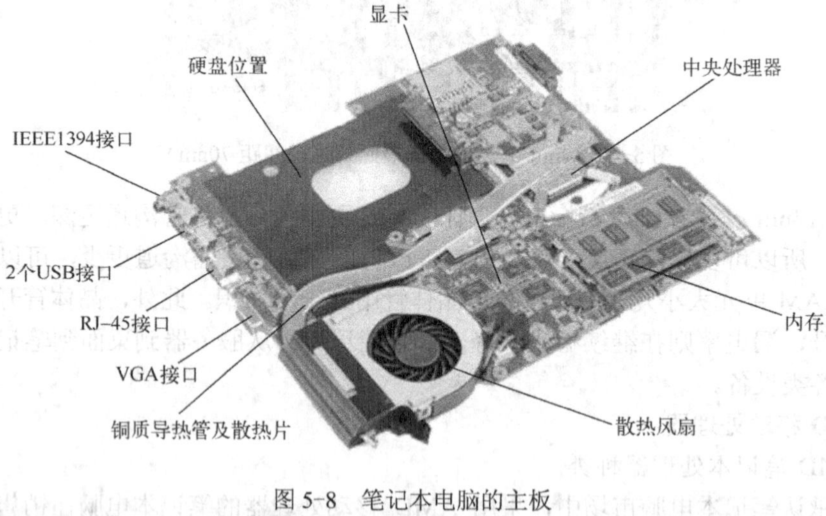

图 5-8　笔记本电脑的主板

由于笔记本电脑的主板设计并没有统一标准，因此笔记本电脑主板之间不具备通用性。不同的笔记本电脑因其内部结构和设计理念有所不同，导致主板整体设计也不尽相同，如

图 5-9 所示的就是外形多样的笔记本电脑主板实物。

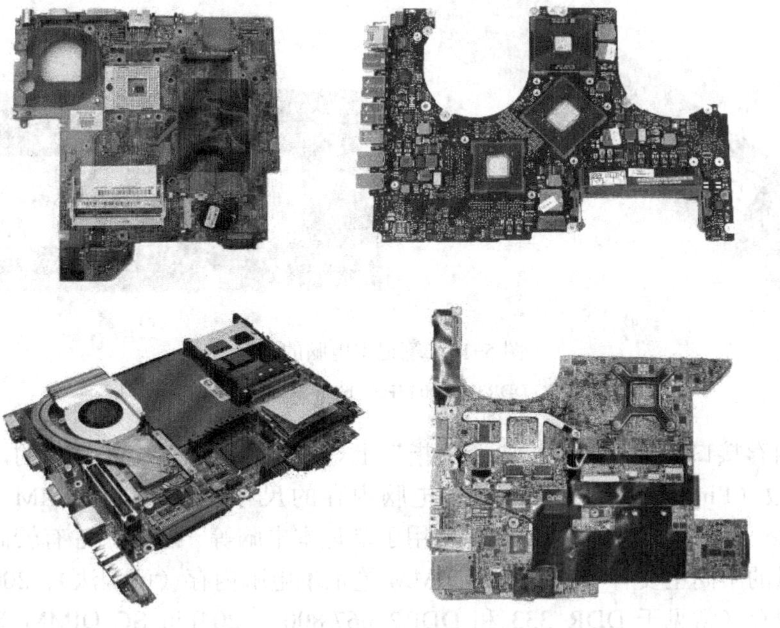

图 5-9　外形多样的笔记本电脑主板

2．主板芯片组

芯片组是笔记本电脑主板的核心组成部分，并且几乎决定了主板的功能，芯片组性能的优劣直接影响到整个硬件系统性能的高低。在移动芯片组市场内，Intel 公司的芯片组依然占有绝大部分的份额，市场上的主流移动式芯片种类见表 5-4。

表 5-4　主流移动式 Intel 芯片组

芯片组类别	最大散热设计功耗	USB 端口	SATA 端口
QM87 芯片组	2.7W	14 个（6 个 USB3.0 端口）	6 个 STAT 3 Gbit/s（最多 4 个 STAT 6 Gbit/s）
HM87 芯片组	2.7W	14 个（4 个 USB3.0 端口）	6 个 STAT 3 Gbit/s（最多 4 个 STAT 6 Gbit/s）
HM86 芯片组	2.7W	14 个（4 个 USB3.0 端口）	4 个 STAT 3 Gbit/s（最多 2 个 STAT 6 Gbit/s）

此外，AMD 公司的 A 系列芯片组常见的产品型号有 A88X、A78、A68H 和 A58，该系列的芯片组旨在充分发挥 AMD 加速处理器（APU）的性能，并提供各种不同的 I/O 配置。这里 A88X 采用 AMD CrossFire 技术配置，能使最终用户同时运行双独立显卡（dGPU）。

5.3.3　笔记本电脑的内存

笔记本电脑的内存与台式机内存相比在外形上有很大区别，它体积小巧、集成度高、数据传输路径短、稳定性高、散热性佳、功耗低并采用先进的工艺进行制造，如图 5-10 所示。目前，市场上笔记本电脑的内存传输类型主要有 DDR2、DDR3 和 DDR3L 三种；常见的主频有 1600MHz、1333MHz；容量主要有 4GB、8GB 和 16GB；生产厂商主要有金士顿、金泰克、宇瞻和威刚等。

a) b)

图 5-10　笔记本电脑的内存

a) 金士顿 4G DDR3L 1600 MHz　b) 宇瞻 8G DDR3 1600 MHz

此外，内存接口的类型是根据“金手指”上导电触片数量多少来划分的，导电触片也习惯称为针脚数（Pin）。为了配合笔记本电脑内存的尺寸要求，SO-DIMM（Small Outline DIMM Module，小外形双列内存模组）常用于笔记本电脑等一些对尺寸有较高要求的场合。根据针脚数量的不同主要有 144Pin SO-DIMM 笔记本电脑内存（已淘汰）、200Pin SO-DIMM 笔记本电脑内存（常见于 DDR 333 和 DDR2 667/800）、204Pin SO-DIMM 笔记本电脑内存（常见于 DDR3 1066/1333）三种。

随着笔记本电脑整体性能的提升，用户对笔记本电脑的散热设计也提出了更高要求。某些品牌的产品还为内存搭配了相关散热装置，如图 5-11 所示。该款笔记本电脑内存的外表具有一层超薄的铝材质内存散热片，可以为内存模块提供最大的散热面积，有效地将热量迅速导出，既提升了内存效能，又确保了运行的稳定性，有助于笔记本电脑流畅地应对高密集图形图像处理的需求。

图 5-11　海盗船笔记本内存（带散热片）

5.3.4　笔记本电脑的硬盘

1. 2.5in 传统硬盘

2.5in 这个规格的硬盘是专为笔记本电脑所设计的，它与 3.5in 台式机硬盘在技术上一脉相承，但由于所应用的环境以及物理结构上的不同，导致两者在体积、转速、发热量、抗震指标等参数方面具有一些差异。如图 5-12 所示是笔记本电脑硬盘与台式机硬盘实物对比。

需要指出的是，2.5in 硬盘还分为两种类型，即 9.5mm 的薄盘与 12.5mm 的厚盘。之前，无论是 2.5in 硬盘还是 3.5in 硬盘在制造时都要遵循一定的规范，但为了满足生产大容量笔记本电脑硬盘的需要，厂商只能使用更多的硬盘碟片以达到所需的容量，但是此时 9.5mm 的厚度已经不能再增加碟片了，于是就出现了 12.5mm 的加厚笔记本电脑硬盘。目前，市场中大部分机型采用的是

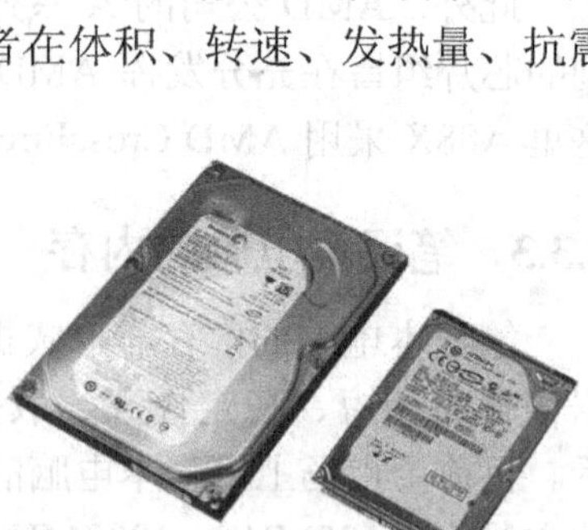

图5-12　笔记本电脑硬盘（右）

9.5mm 的薄盘，主要应用在轻薄笔记本电脑中。

在容量方面，虽然笔记本电脑的硬盘还赶不上台式机的硬盘容量，但其发展速度很快，常见的笔记本硬盘容量有 500GB、640GB、750GB 和 1000GB。在硬盘接口方面，主要有 SATA II 和 SATA 3.0，理论传输速率分别为 300MB/s 和 750MB/s。在转速方面，笔记本电脑硬盘的转速绝大多数为 5400r/min，少数型号能够达到 7200r/min，而台式机硬盘 7200r/min 的速度已经普及，有些硬盘甚至能达到 15000r/min。如图 5-13 所示的是笔记本电脑硬盘的外形。

a)　　b)

图 5-13　三星 HM641JI 640GB 笔记本电脑硬盘

a) 硬盘正面　b) 硬盘背面

2．笔记本电脑固态硬盘（SSD）

近两年，SSD 固态硬盘凭借其超高的读写速度颇受广大用户青睐，SSD 厂商也从之前的两三家发展到现在的数十家。目前，主流品牌的厂商有 Intel、三星、金士顿、创见、东芝、忆捷和威刚等。硬盘尺寸方面分为 2.5in 和 1.8in，存储容量方面分为 80GB、100GB、120GB、200GB、240GB、512GB 和 1TB 等不同的容量。如图 5-14 所示的是容量为 512GB 的金士顿 SSD Now 火山加强版 V+固态硬盘。

a)　　b)

图 5-14　金士顿 SSD Now 火山加强版 V+固态硬盘（512GB）

a) 硬盘 PCB 板正面　b) 硬盘 PCB 板背面

目前，SSD 采用三种类型的闪存芯片。第一种是 SLC（Single-Level Cell）单层单元，该类型的特点是成本高、容量小、速度快、有数万次的 P/E 擦写寿命，仅用于企业级 SSD；第二种是 MLC（Multi-Level Cell）多层单元，该类型的特点是容量大、成本低、速度较慢、有 2500-5000 次 P/E 擦写寿命，是目前主流的闪存类型，涵盖大部分消费级 SSD；第三种是 TLC（Trinary-Level Cell）三层单元，该类型的特点是价格便宜、速度慢、寿命短，多用于 U 盘和闪存卡。

5.3.5 笔记本电脑的显卡

市场上笔记本电脑的显卡可以分为三大类，第一类是集成显卡，主要以 Intel 的产品为主；第二类是 NVIDIA 显卡；第三类是 AMD Radeon 显卡。

集成显卡方面，以 Intel GMA HD 520 为市场主流，由于此类显卡功耗低，能够延长电池续航时间，所以常用于商务笔记本电脑，其性能完全能够满足日常应用，但运行大型 3D 游戏则显得力不从心。

NVIDIA 显卡与 AMD Radeon 显卡都是笔记本电脑常见的显卡品牌，各厂商面向高、中、低档消费群体，具有非常多的产品型号。NVIDIA 显卡方面，以 GeForce GT 960M 为市场主流，其图形处理器如图 5-15 所示。AMD Radeon 显卡方面，有 R9 M200 系列、R7 M200 系列和 R5 M200 系列，如图 5-16 所示。

图 5-15　GeForce GT 960M 图形处理器正反两面

图 5-16　AMD Radeon R7 M270 显卡

5.3.6 笔记本电脑的显示器与光驱

1．笔记本电脑的显示器

笔记本电脑的显示器与台式机液晶显示器有一定区别，它没有独立的外壳和支架，而是嵌入在笔记本电脑的顶盖中间。根据市场的实际情况，按屏幕的长宽比例不同，笔记本电脑显示器可分为普屏（4∶3）与宽屏（16∶9 或 16∶10）；按照液晶屏幕尺寸划分，一般有 10in、11in、13in、14in、15.6in 和 17in 等；按液晶屏幕分辨率划分，主要有 2160×1440、1920×1080、1600×900、1440×900 和 1366×768 等。

2．笔记本电脑的光驱

笔记本电脑的光驱相比台式机电脑的光驱要轻薄许多，如图 5-17 所示。目前，主流笔记本电脑的光驱从类型上可以分为 COMBO（康宝）、DVD 刻录机和蓝光 DVD 刻录机。其中，DVD 刻录机已经成为笔记本电脑的标准配置，而蓝光 DVD 刻录机则面向高端笔记本电脑用户。从使用环境角度又可以将光驱分为内置光驱和 USB 外置光驱，前者用于绝大部分笔记本电脑，后者主要作为笔记本的选件设备为超轻薄笔记本电脑提供刻录需求，如图 5-18 所示的就是一款 USB 外置光驱。

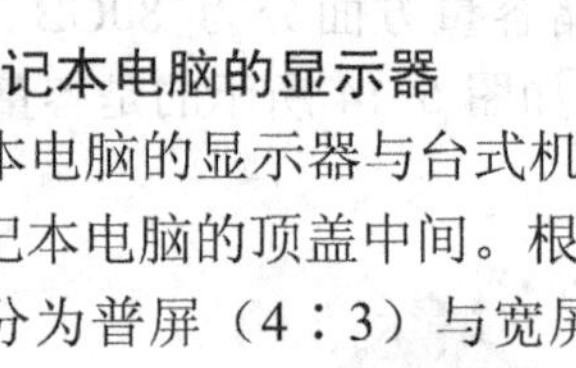
图 5-17　笔记本电脑的内置光驱

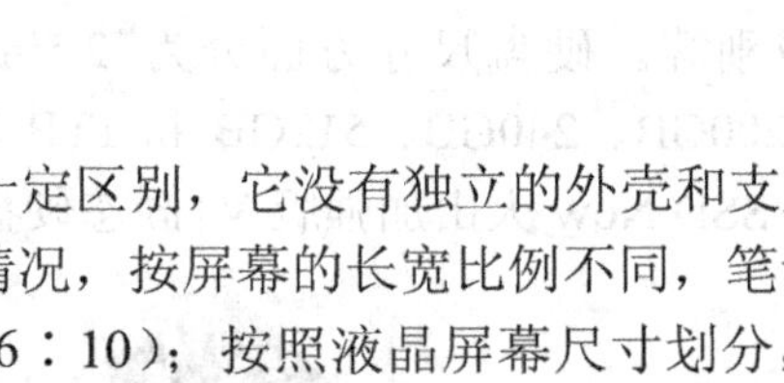
图 5-18　华硕 SDRW-08D2S-U 外置光驱

5.3.7 笔记本电脑的电池与电源适配器

1．笔记本电脑的电池

笔记本电脑的电池是可充电电池，有了充电电池的电量供应，笔记本电脑才能充分体现出可移动的特性，常见的笔记本电脑的电池如图 5-19 所示。具体来讲，根据使用材料的不同，笔记本电脑的电池可以分为镍镉电池、镍氢电池、锂离子电池和锂聚合物电池四种类型。

（1）镍镉电池

该类电池是以氢氧化镍和金属镉作为反应物来产生电能的。其优点是充电要求低，持续放电能力强；缺点是有记忆效应，污染环境。目前，笔记本电脑已经淘汰该类电池。

（2）镍氢电池

该类电池的优点是记忆效应很低，环保；缺点是充电温度高，自放电速度快。目前，笔记本电脑已不采用该类电池。

（3）锂离子电池

该类电池的优点是无记忆效应，循环次数多，放电电压高；缺点是价格较高，充电要求高，需要专门的保护电路。目前，绝大多数笔记本电脑采用的就是锂离子电池，整块电池中采用多个电芯通过串联或并联的堆叠方式来达到笔记本电脑所需的电池容量。

（4）锂聚合物电池

顾名思义，锂聚合物电池也是锂离子电池，它的正负极材料与常见的柱状电芯锂离子电池是相同的，工作原理也基本一致，区别在于电解液不同，锂离子电池采用的是液态电解液，因此需要做成容器状，而锂聚合物电池则采用胶状聚合物电解液，像橡皮泥那样可以更方便地塑造各种形状，其中就包括扁平设计，如图 5-20 所示。

图 5-19 常见的笔记本电脑的电池

图 5-20 锂聚合物电池

该类电池的优点是体积超薄，外观灵活多变且质量轻，可根据实际需要制作成合适的大小，与锂离子电池相比，缺点是能量密度和充电循环次数有所下降，成本较锂离子电池还高。

2．笔记本电脑的电源适配器

笔记本电脑的电源适配器主要作用有两个，一是为笔记本电池充电，二是在无电池供电情况下随时随地获取电能，其常见外观如图 5-21 所示。一般来说，为了适应不同地区的电压差异，笔记本电脑的电源适配器均采用宽幅电压输入（100～240V），

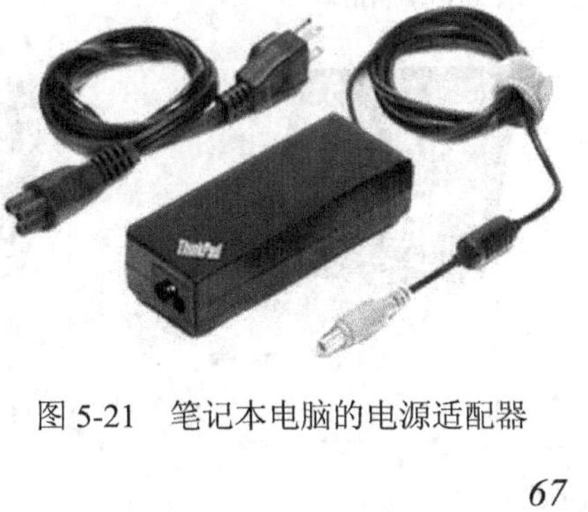

图 5-21 笔记本电脑的电源适配器

具有一定的稳压作用，电流通过电源适配器后电压则降低为 19V，从而为笔记本电脑提供稳定的电能。

5.3.8 笔记本电脑的外壳

笔记本电脑的外壳对于笔记本电脑来说，除了具有装饰外表的功能以外，还具有保护内部元件，增强抗摔、抗击打能力，以及承担部分散热任务的功能，良好的外壳材质使得笔记本电脑更为轻薄、坚固而且具有良好的散热效果。

目前，市场中笔记本电脑的外壳所采用的材质分为塑料外壳、合金外壳和碳纤维外壳三大类，见表 5-5。

表 5-5 笔记本电脑的外壳分类

类别	具体内容	特性	说明
塑料外壳	PC 外壳	PC 塑料的学名叫作聚碳酸酯，具有硬度高、耐腐蚀性和耐磨性良好、熔融温度高等特点，但容易开裂，抗弯、抗张强度低	塑料是成本最低的外壳材质，大部分笔记本电脑都采用这类材质制作外壳和机体。不过，虽然成本低，但污染环境
	ABS 外壳	具有易加工、柔韧性较好、抗冲击性、耐热性良好等特点	
	ABS+PC 外壳	ABS+PC 即为工程塑料合金，目前是笔记本电脑外壳最常用的材料。它综合了 ABS 塑料与 PC 塑料的优点，其强度、硬度、导热性和耐热性都非常平衡，而且较 ABS 塑料密度低、重量轻	
合金外壳	镁铝合金外壳	以金属铝为主原料，加入少量的金属镁所形成的合金材料，其强度是工程塑料的数倍，但重量仅为塑料的三分之一，具有耐冲击、散热良好等特性，常使用在中高档笔记本电脑中	合金外壳强度高、耐冲击，而且散热性能非常好。并且对电磁也有明显屏蔽作用
	钛合金外壳	该类合金外壳在散热、强度以及表面质感上都优于镁铝合金，而且具有良好的加工性能，但成本较高，只有少数高端笔记本电脑采用该类材质	
碳纤维外壳	碳纤维外壳	碳纤维的强韧性高于镁铝合金，具有重量轻、散热效果优秀等特点，常被使用在超轻薄笔记本电脑中。缺点是成本较高，外形缺乏变化，着色较难	该类材质是将呈纤维状的碳加入到 ABS 或 PC+ABS 塑料中，极大地改变了原有塑料的物理特性

5.4 苹果笔记本电脑

MacBook 是苹果公司所开发的笔记本型麦金塔电脑（Macintosh，简称 Mac），如图 5-22 所示。目前，市面上在售的苹果笔记本电脑主要有 MacBook、MacBook Air 和 MacBook Pro 三个系列的产品。

图 5-22 MacBook

1．Retina 显示技术

“Retina”是一种显示技术，可以将更多的像素点压缩至一块屏幕里，从而达到更高的分辨率并提高屏幕显示的细腻程度。

在 MacBook 上使用的“Retina”显示屏不仅是一款出色的高分辨率显示屏，还采用了集成式设计，在制造工艺上达到了一个全新高度，在保持非凡色彩和画质的同时，减少了眩光的出现，大大减少了工作时的视觉干扰。它的高对比度令黑色更浓重，白色更明亮，其他色彩也都显得更丰富，更鲜艳。

2．USB-C 端口

全新的 MacBook 第一次采用了 USB-C 端口，并且这是整机的唯一接口。这个端口将完成充电、数据传输和链接外部显示器等多种功能。该类型的接口有以下几方面的特性。

1）传输速度快。理论上，USB-C 端口的最高传输速率为 10Gbit/s，比 USB 3.0（5Gbit/s）翻了一倍。对于新款 MacBook 来讲，由于采用了 USB-C 端口，最大输出电压达到了 20V，进而缩短了充电时间。

2）端口体积小。USB-C 端口的尺寸为 8.4mm×2.6mm，而老式的 USB 端口尺寸为 14mm×6.5mm。

3）无正反。与苹果的 Lightning 接口一样，USB-C 端口正面和反面是相同的，也就是说无论用户如何插入端口都是正确的。

4）双向传输。老款 USB 端口，功率只能单向传输，而 USB-C 型端口的功率传输是双向的，这就意味着它可以拥有两种发送功率方式。

3．MacBook 与环保

全新的 MacBook 在设计之初就十分注重环保需求，在其产品中不使用其他笔记本电脑中常见的有毒物质，如铍、汞、铅、砷、聚氯乙烯（PVC）、溴化阻燃剂（BFR）和邻苯二甲酸盐等有害元素。

在节约能耗方面，MacBook 的硬盘在空闲时能自动减速运行，采用 LED 背光的显示屏比传统 LCD 省电 30%。此外新产品的外包装也比过去减小很多，以便使用较少的运输工具能够运送同样数量的产品。

众多环保节能的设计理念，贯穿于整个苹果公司推出的产品，虽然有些是很小的改变，但对人们的生活和工作环境却有着重大的正面影响。

5.5　笔记本电脑的周边设备

1．笔记本电脑音箱

虽然笔记本电脑已经成为市场的主流，但是真正能在笔记本电脑上享受到高品质音乐的并不多，这主要是因为普通笔记本电脑音箱在音乐的低频方面表现不佳。为此不少音箱厂商针对笔记本电脑也设计出了适合的音箱产品。

图5-23　惠威H2笔记本电脑的音箱

从市场上现有的产品来看，品牌以惠威、漫步者、轻骑兵、创新、麦博等厂商居多，如图 5-23 所示的就是惠威 H2 笔记本电脑音箱。此类产品的音箱体积小巧，大部分采用 2～3in 的扬声器，采用这样中小尺寸扬声器打造的音箱能很好地做到空间占用与音乐性的平衡，适合笔记本电脑用户在狭小的空间中展现音乐的质感。

2．笔记本电脑托架

当用户将笔记本电脑长时间放置在膝盖上使用时，机体散发的热量会不断汇集在一起，不仅不利于笔记本电脑散热，而且还会给使用者的膝盖带来不适。此外，使用这种方式长时间办公或娱乐，颈部和头部肌肉得不到有效放松，也会增加疲劳感，有损健康。

笔记本电脑托架是专门针对此种情况而设计，如图 5-24 所示。它可以为用户提供放置笔记本电脑的支撑面。某些型号还具有高效的散热系统，能够避免受到机身热量的干扰。

a)

b)

图 5-24　笔记本电脑托架

a) 笔记本电脑散热托架 N700　b) 罗技笔记本电脑托架套装 MK605

5.6　笔记本电脑内存与硬盘的升级

随着笔记本电脑配件价格的降低，许多笔记本电脑用户计划对某些硬件进行升级。与台式电脑相比，笔记本电脑由于受到空间和结构设计的限制，很难像台式机一样对硬件进行全面升级，常见的硬件升级也仅限于内存和硬盘两方面。本节实训内容以联想 V450A-TSI（H）笔记本电脑为例，向读者介绍升级内存和硬盘的全部过程。

5.6.1　升级前的准备工作

1．与内存相关的准备工作

1）了解待升级笔记本电脑的内存能否升级。一般来说，笔记本电脑都有两根内存插槽，用户可以增加或直接更换内存进行升级，但是某些超极本将内存固化到主板上，或者没有提供内存插槽，这类笔记本电脑是不能升级的。

2）了解现有笔记本电脑的内存类型。因为内存类型不同，插槽也不同，为了避免不必要的麻烦还需要了解笔记本电脑采用的是何种内存。这里建议使用 CPU-Z 这款软件对电脑进行检测，以了解当前内存类型、大小和频率等参数，如图 5-25 所示。

3）了解当前笔记本电脑内存的价格，做到心中有数。

4）必要时升级 BIOS 版本。对于购买时间较长的笔记本电脑，在升级内存后系统有可能不稳定或根本无法正常启动，部分原因是主板 BIOS 兼容性不理想所导致的，需要提前将主板 BIOS 升级到最新版本，升级过程这里不再赘述。

2. 与硬盘相关的准备工作

1）登录现有笔记本电脑品牌的官方网站，或者通过第三方软件查询有关硬盘规格和接口等方面的信息。

2）购买对应接口及尺寸的大容量硬盘。

3）在上述所有准备工作完成后，还需准备必需的升级工具，即十字口螺钉旋具或一字口螺钉旋具，如图 5-26 所示。

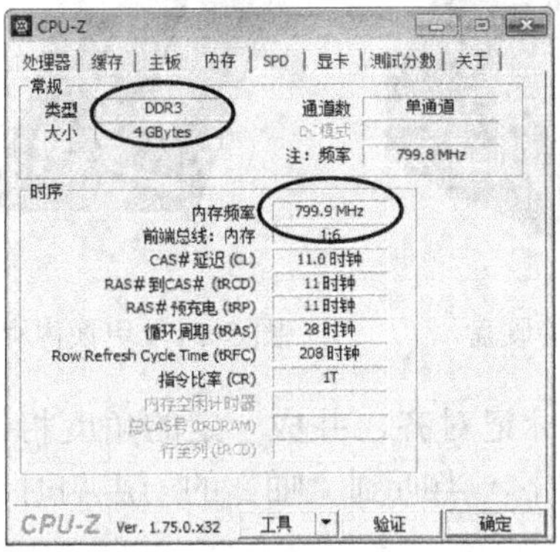

图 5-25　确定内存类型

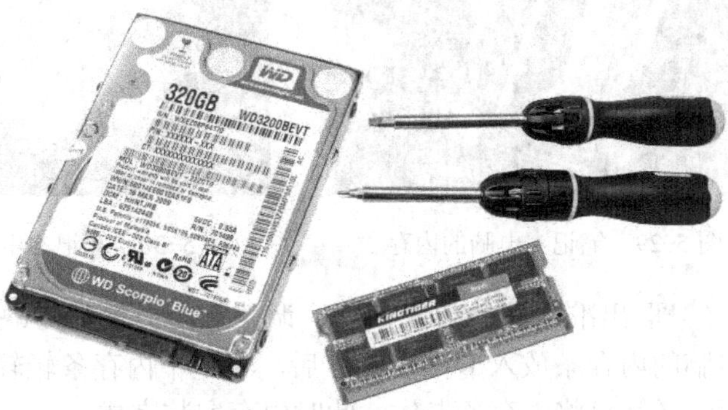

图 5-26　升级所需的部件及必备工具

5.6.2　升级过程

待完成一切准备工作后，就可以开始拆解笔记本后盖进行相关升级操作了，详细操作过程如下。

1）将一层较柔软的垫子平铺在桌面上，将笔记本电脑翻转后放在垫子上，以免在操作时笔记本电脑顶盖被硬物划伤。

2）去掉笔记本电脑自带的电池，并仔细观察笔记本电脑底部，这时可以发现底部有许多保护盖，如图 5-27 所示。根据盖子上标记的图案，确定内存或硬盘模块的保护盖，如果没有标记，则可以使用十字口螺钉旋具依次打开所有盖子，如图 5-28 所示。

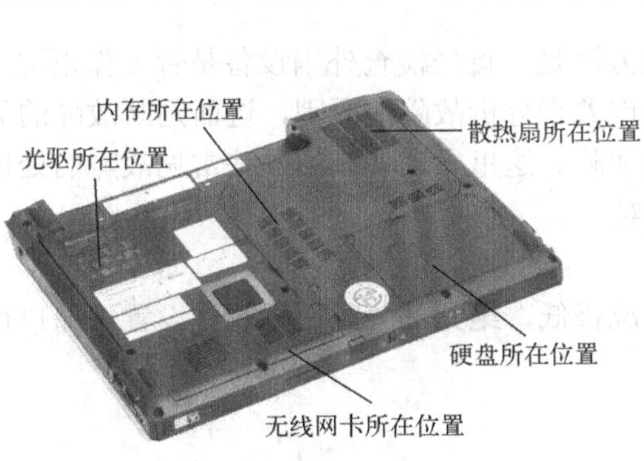

图 5-27　笔记本电脑底部

图 5-28　拆卸后笔记本电脑的底部

3）打开相应的保护盖后，就可以清晰地看到内部的内存或硬盘了，如图 5-29 和图 5-30 所示。

4）仔细观察笔记本电脑内存卡槽，双手同时用力将内存固定夹向两侧掰开，此时内存会自动弹起，然后小心地将内存条拔出，如图 5-31 所示。若需更换多条内存，重复此操作即可。

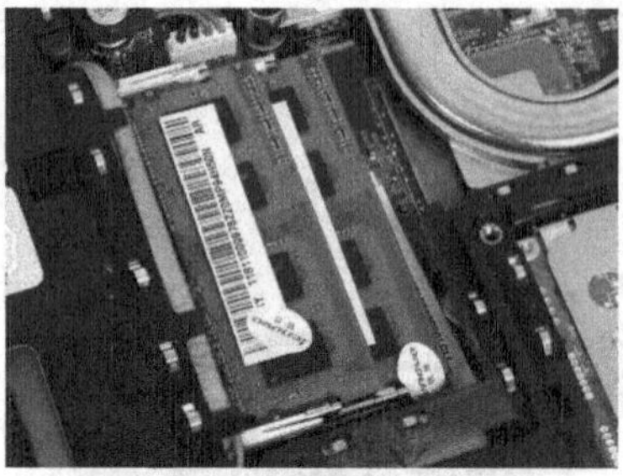

图 5-29　笔记本电脑的内存

图 5-30　笔记本电脑的硬盘

图 5-31　更换内存

5）取出准备好的新内存条，调整方向，使其与缺口标记对齐，并成一定的角度将笔记本电脑的内存条放入卡槽内。最后，将整个内存条轻轻按下，当听到“啪”的一声响时，表明两边弹簧已将内存条卡住，此时内存安装完成。

6）使用螺钉旋具将硬盘托盘卸下，将新硬盘按照原有样子放置其中即可完成对硬盘的安装。

7）待上述操作完成后，将所有保护盖依次拧紧，接上电源进行开机检验。首先进入“系统属性”中，查看硬件容量是否有所增加，然后尝试运行一些大型软件，检测一下内存兼容性如何，如果运行时没有出现无故死机、无故重启和蓝屏等情况，则可以确定整个升级过程顺利完成了。

5.7 笔记本电脑故障及其日常保养

5.7.1 故障与排除

当笔记本电脑出现故障时，判断故障的大致方法是：首先检查外围设备是否工作正常，排除外围设备引起的故障；其次根据故障出现的现象来分析故障的原因，进而判断故障的类型，即属于软件设置方面的故障还是硬件方面的故障。这里向读者介绍一些常见故障的处理办法，希望读者在遇到类似的故障时能够顺利应对。

1．与 CPU 相关的故障

一般来说，笔记本电脑 CPU 出现故障的情况极低，绝大部分是由于软件设置（如自行超频）和散热不良导致的故障。

（1）CPU 超频方面的故障现象

1）开机无法进入操作系统。

2）开机后无故连续重启。

3）进入系统后出现蓝屏或突然死机。

解决办法：如果发现笔记本电脑的 CPU 在超频工作，只需进入 BIOS 将设置的参数信息恢复到默认值即可排除故障。笔记本电脑最好不要进行超频，如果超频不当，可能会造成元件的损坏。

（2）散热不良导致的故障现象

1）散热口积攒大量灰尘，通风不畅引起 CPU 温度过高，可导致蓝屏或死机。

2）由于笔记本电脑放置不当，通风口被异物严重覆盖，引起 CPU 温度过高，可导致蓝屏或死机。

解决办法：笔记本电脑 CPU 的温度一般在 60～70℃之间。如果温度过高，首先拆卸下底部保护盖，对散热扇进行清理即可。

2．与内存相关的故障

（1）虚拟内存或 BIOS 等软件设置方面的故障现象

1）开机时多次自检，不能进入系统。

2）运行某一程序时弹出“没有足够的可用内存运行此程序”、“内存分配错误”和“内存资源不足”等提示框。

解决办法：在 BIOS 设置中将“Quick Power On Self Test（快速加电自检测）”参数设置为“Enabled”，并保存退出即可。此外，右键单击“我的电脑”，选择“属性”命令，在弹出的“系统属性”对话框中选择“高级”选项卡，单击“性能”选项区中的“设置”按钮，即可对虚拟内存进行调整。

（2）升级笔记本电脑内存后出现的故障现象

1）开机时报警或无法开机。

2）内存容量显示不正确。

3）运行一段时间后，无故死机。

解决办法：打开笔记本电脑的内存保护盖，将内存重新拔插，并确认安装到位；使用相关测试软件，查询主板支持的最大内存容量，检测内存的兼容性，如果发现存在不一致的现象，则更换同规格的内存条即可。

3．与硬盘相关的故障

（1）启动时检测出硬盘出现坏道

大部分检测出的坏道都是逻辑坏道，是可以修复的。首先使用硬盘品牌自身的检测软件进行全盘扫描，如果检测结果为“成功修复”，则可以确定是逻辑坏道，只需要将硬盘重新格式化即可；如果检测结果不是逻辑坏道，则基本上没有修复的可能，需要更换新硬盘。

（2）硬盘容量与实际容量不符

一般来说，硬盘生产厂商与操作系统对硬盘容量的计算方法不同，会造成检测容量与实际容量不符的现象，但两者如果差距过大，则说明存在故障。用户可以在开机时进入 BIOS 设置界面，对硬盘相关选项进行合理设置，如果不能解决问题，则说明主板可能不支持大容量硬盘，此时可以对 BIOS 进行升级来解决问题，此类故障多在升级硬盘时出现。

（3）硬盘数据丢失

在特殊情况下，有可能造成某个盘符上的数据全部丢失的现象，这说明主控文件表出现了问题。用户可以尝试使用 DataExplore（数据恢复大师）等软件进行恢复。

4．与液晶显示器相关的故障

（1）外界干扰引起的故障

若笔记本电脑附近存在强电磁干扰，有可能造成 LCD 显示亮度变暗，并且出现抖动情况。解决方法是使笔记本电脑远离磁场即可。

（2）液晶显示器与笔记本电脑主机连接故障

笔记本电脑的液晶显示器与主机之间是通过排线进行连接的，如果排线出现故障，会造成液晶显示器亮度变暗、花屏甚至无任何显示。如果确定是此类故障，就需要请专业维修人员进行检修。

5．笔记本电脑电池相关故障

一般来说，笔记本电脑电池的正常使用年限约为 2～3 年。随着时间的增加，电池的性能大幅下降，主要表现在：使用电池供电则无法开机；电池自动充电的时间极短；电池容量变小仅能维持一小段时间。造成这些故障的原因可能是电池老化、电池与笔记本电脑接触不良、电源管理模块故障等。

6．触摸板无法使用的故障

在使用过程中，可能出现触摸板不能控制鼠标的现象，其主要原因是用户手部有过多的汗水和触摸板驱动无故丢失，其解决办法是应尽量保持触摸板干燥清洁，若还是无法使用，则需更新驱动程序。

5.7.2 日常保养

笔记本电脑的日常保养涉及许多方面，但总的来说，用户只要养成良好的使用习惯就能有效减少故障。这些良好的习惯主要涉及以下两方面。

（1）尽量减少或避免震动

笔记本电脑最忌受到外界冲击、意外跌落和在震动较大的环境中使用，因为这些情况很容易造成液晶屏幕、机身外壳和硬盘等重要部件的损坏，所以应尽量减少或避免震动。

（2）注意外界环境对笔记本电脑的影响

外界环境指的是低温或高温环境，一般在超过 40℃的环境下，容易引起笔记本电脑散热不畅，导致死机；而外界温度如果过低则容易造成液晶显示器不能正常工作。此外，大多数笔记本电脑的键盘并没有防水设计，一旦有液体意外泼洒到键盘上，将严重损坏电脑。这些外界环境对笔记本电脑的影响重大，需要使用者特别注意。

1．液晶屏幕的保养

某些屏幕厂商为了增加屏幕色彩的对比效果，会在屏幕表面进行镀膜处理，因此在清洁时，不能随意使用化学溶剂擦拭表面，而应使用专业的屏幕清洁剂进行清洁。在保洁方面，常见的误区有以下几个方面。

（1）使用纸巾擦拭液晶屏幕

液晶屏幕常见的污垢主要是空气中的灰尘和不经意留下的油污，使用纸巾擦拭污垢，很容易划伤屏幕表面。一般可以使用高档眼镜布进行擦拭。

（2）用清水清洁屏幕

在清洁过程中，清水可能会流入显示器接缝处，极易造成短路。

（3）使用酒精等化学溶剂清洁屏幕

酒精等化学溶剂会溶解液晶屏幕上的特殊涂层，一旦擦拭后不仅不能清洁屏幕，而且还会对屏幕造成严重伤害。

正确的做法是定期使用正品专业喷雾型液晶清洗液小心喷洒到屏幕表面，然后使用擦拭布轻轻地将污迹擦去。

2．机身外壳的保养

1）避免化学制剂的腐蚀。

2）预防磨损，避免外界挤压或冲击。

3）避免靠近高温热源。

3．电池的保养

笔记本电脑的电池属易耗品，一般具有一定的使用年限，但良好的使用习惯和精心的保养能够延长笔记本电脑的电池的使用时间。这里向读者介绍几个常用的保养技巧。

1）第一次使用笔记本电脑时，需要对电池进行激活操作，即首次使用时最好进行 3～5 次的完全充放电过程。

2）电池一旦充满，就没有必要再花时间续充。因为现在的笔记本电脑都有智能充放电控制电路，能够判断充电是否完成，当电池充满后，电流会被自动切断，再进行续充其实是浪费时间，起不到任何效果。

3）电池存放时间建议不要超过一个月，并保证每隔一个月左右的时间就对电池进行充电。

4）长期不用时，电池要单独存放，且存放时的电量应保证大于 80%。

5）存放时外界环境应干燥通风，且避免阳光照射。

5.8　笔记本电脑的选购

目前，市场上笔记本电脑的品牌和型号繁多，要挑选一台适合自己的笔记本电脑需要多方考虑。本节主要从选购要领和辨别水货两方面，向读者简单介绍选购笔记本电脑的一些基本知识。

5.8.1　选购要领

1．确定所需并选好配置

笔记本电脑的厂商会根据不同的用户群体划分应用需求，轻薄型笔记本电脑、商务笔记本电脑、家庭娱乐型笔记本电脑、超极本等具有很多类型和品牌，购买笔记本电脑的目的不同，在选择品牌和型号时就有很大差异，所以在选购前必须明确自己购买笔记本电脑的真实需求。

在明确购买的真实需求后，还需要了解相关品牌产品在内存、硬盘、显卡、接口等方面的规格参数，做到心中有数。

2．货比三家

同一品牌的电脑，在同一城市一般会设置两三家代理商，即便只设置一家总代理，总代理也会设置多个分销商一同销售该品牌的产品。“货比三家”指的是在同一家分销商的不同店面对比销售价格，因为店面不同，销售量不同，在价格方面可能会出现几十元至百元的差异，所以在确定品牌和型号后应该多家比较后再购买。

3．拆封验机

拆封验机方面要特别注意，一般的笔记本电脑的手提包装盒中会印制该机型的 SN 码以及详细的型号，在取出产品后首先要比对笔记本电脑底部标签中的编号是否与包装盒的 SN 码一致，以便确定产品。其次，在安装完成操作系统后还需要使用 CPU-Z、GPU-Z 等软件检测笔记本电脑的硬件信息是否与之前要求的一致。最后，需要观察机身是否有刮痕和磨损等部位，防止销售商使用样品机冒充新机出售。

4．索要正规发票

购机发票以及三包凭证是用户可以正常享有国家“三包”和厂商标准服务的重要保修凭证，所以用户在购机后一定要索要正规发票，避免机器出现问题时得不到相关保护。

5.8.2 辨别水货笔记本

“水货”是指通过非法途径入境，逃避关税的商品。水货的存在与厂商的区域性销售政策有关，比如同样一款笔记本电脑在中国大陆的售价比美国地区高，这就促使一部分商家用水货冒充行货进行销售，从中牟取暴利。辨别水货笔记本电脑的方法主要有以下几方面。

1）查看 3C 标识与入网许可证。我国规定，凡是在中国大陆销售的笔记本电脑必须有 3C 认证标识。用户可以查看笔记本电脑底部，看是否有 3C 标识和入网许可证。

2）查看序列号和拨打客服热线电话。笔记本电脑都有唯一的序列号，建议用户到对应品牌的官方网站上检验序列号的真伪。如果无法通过网站检验，还可以拨打厂商的客服热线，上报机型、序列号等相关信息，让客服进行核对，如果反馈的结果不能完全符合，那么产品一定有问题。

3）检验发票。行货笔记本电脑一般都提供正规机打增值税发票，而水货往往不能提供正规票据。

5.9 实训习题

1．笔记本电脑是如何分类的？简要叙述各自的特点。

2．试述笔记本电脑的硬件组成。

3．简述笔记本电脑升级内存和硬盘的过程。

4．笔记本电脑在日常使用过程中，需要注意哪些方面的保养？

5．试说明笔记本电脑的选购方法。

实训 6　常用外设的安装与设置

计算机系统是由计算机硬件系统和计算机软件系统构成的，而计算机硬件系统又可以分为计算机主机和计算机外围设备两部分。计算机外围设备简称外设，是计算机主机以外的设备，一般可以分为输入设备和输出设备。

计算机外设一般包括键盘、鼠标、显示器、打印机、扫描仪和调制解调器等。用户通过输入设备输入数据、命令或程序，经过计算机处理后再通过输出设备将结果输出给用户。本节实训将对常用外围设备的安装与使用进行介绍。

6.1　实训任务

通过本节实训内容的学习，读者应掌握并行接口打印机和 USB 接口打印机的安装、设置与使用；掌握扫描仪的原理、接口类型以及相关术语，从而加深对计算机外围设备的认识，增强读者处理实际问题的能力。

6.2　安装与使用打印机

6.2.1　安装打印机前的准备

1．实施软环境

Windows 7 操作系统。

2．实施硬环境

1）准备一台并行接口或 USB 接口的打印机，本实例中采用的是爱普生公司生产的 Epson Stylus Photo R250 型 USB 接口彩色喷墨打印机，如图 6-1 所示。

图 6-1　Epson Stylus Photo R250 型 USB 接口彩色喷墨打印机

2）接入局域网的计算机。

3）如有条件，准备激光打印机、喷墨打印机和针式打印机各一台，并且包括连接的数据线和电源线等。

6.2.2 安装打印机

1）打开包装箱，检查使用说明书、驱动程序及相关软件、电源线和原装墨盒等物品是否齐全。

2）去除打印机机箱上的所有保护材料后，打印机所有部件如图 6-2 所示。

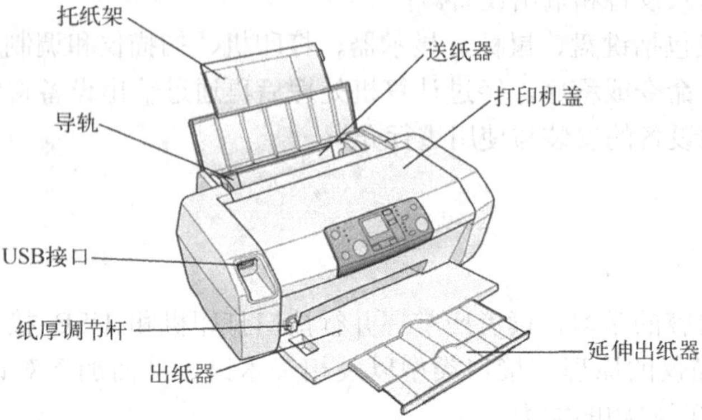

图 6-2　打印机部件

3）取出电源线，一端插入电源，一端连接至打印机。此时需注意，不要将 USB 电缆连接到计算机上。

4）将墨盒从包装袋中取出。注意，此时不要用手触摸墨盒侧面的绿色芯片，如图 6-3 所示。

5）打开打印机盖，按下墨盒舱盖上的小片，打开墨盒舱盖，如图 6-4 所示。

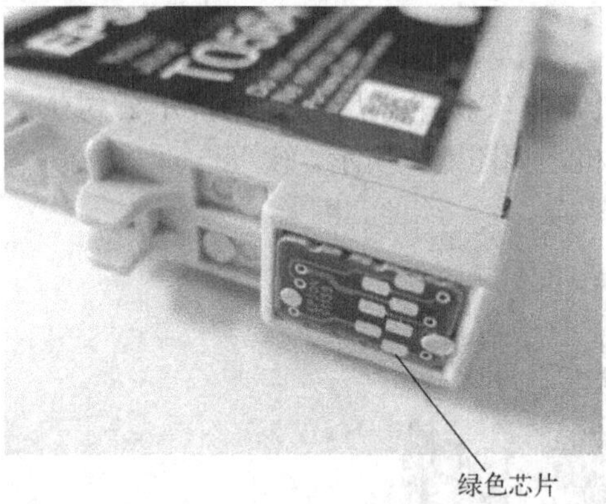

图 6-3　墨盒芯片

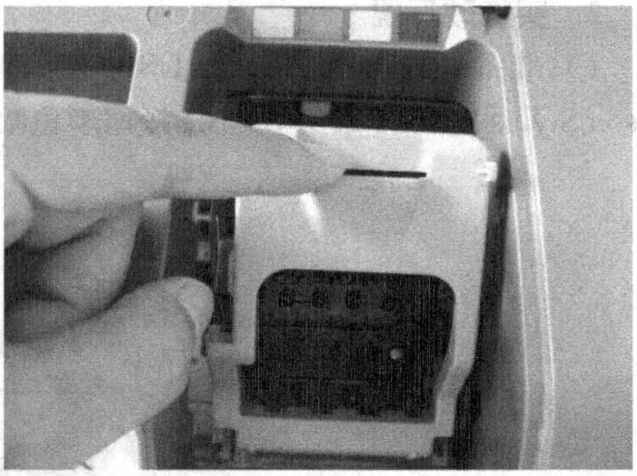

图 6-4　打开墨盒舱盖

6）将墨盒插入到墨盒舱中，向下推动墨盒，直到发出咔嗒声为止，如图 6-5 所示。其他墨盒安装过程同上。待所有墨盒都安装完成后，合上打印机盖即可。

7）待所有工作完成后，开始对打印机充墨。按下打印机控制面板中的“Start”（开始）

按键，即开始充墨，如图 6-6 所示。需要注意的是，首次充墨时，为了保证高质量打印输出，打印机中的打印头将被完全充墨，此次充墨过程需要消耗一部分墨水。

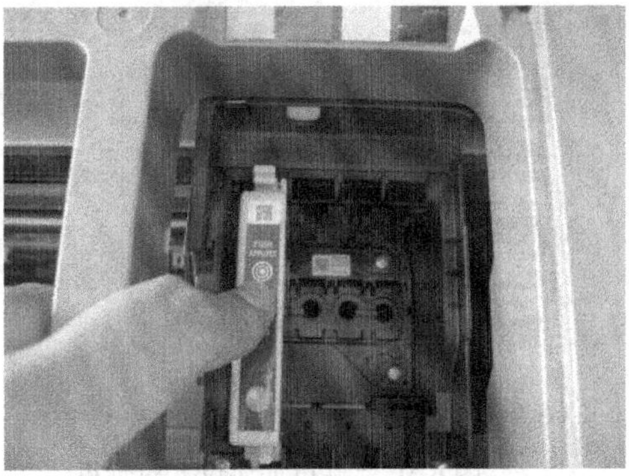

图 6-5　安装墨盒

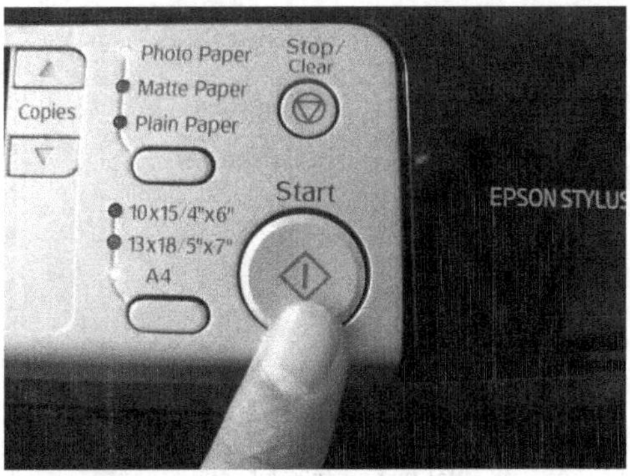

图 6-6　按下充墨开关

另外，在电源指示灯闪烁时，不要切断电源，不要拔掉插销，不要放入打印纸，整个充墨过程大约需要 2min，待电源指示灯变亮且呈绿色时充墨结束。

8）数据线的安装。关闭打印机电源，将准备好的 USB 数据线的一端连接到计算机上，另一端连接到打印机上，如图 6-7 所示。

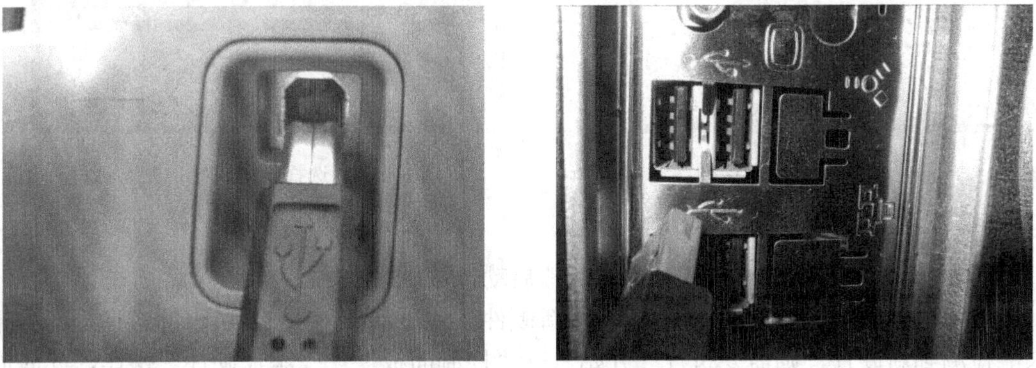

a)　　b)

图 6-7　使用 USB 数据线将打印机连接到计算机

a) 连接打印机　b) 连接计算机

6.2.3　安装打印机驱动程序

1．从驱动光盘安装

1）将驱动光盘放入光驱，此时显示如图 6-8 所示的安装向导。根据打印机型号选择安装驱动程序，之后单击“确定”按钮。

2）此时显示如图 6-9 所示的“许可证协议”对话框，单击“Accept”按钮，经过一段时间的检索显示“警告”对话框，如图 6-10 所示。此时需要用户确认打印机已经正确连接在计算机中。

3）单击“Manual”按钮，这时弹出“选择打印机端口”对话框，如图 6-11 所示。在下方列表中选择打印机端口后，单击“OK”按钮，经过一段时间的文件复制后，显示“安装完成”对话框。

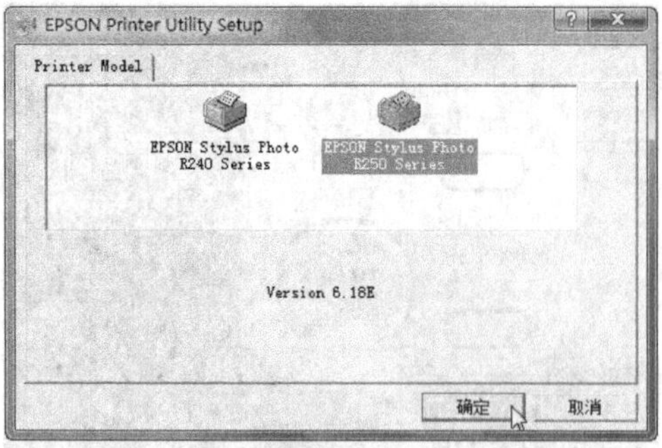

图 6-8　安装向导

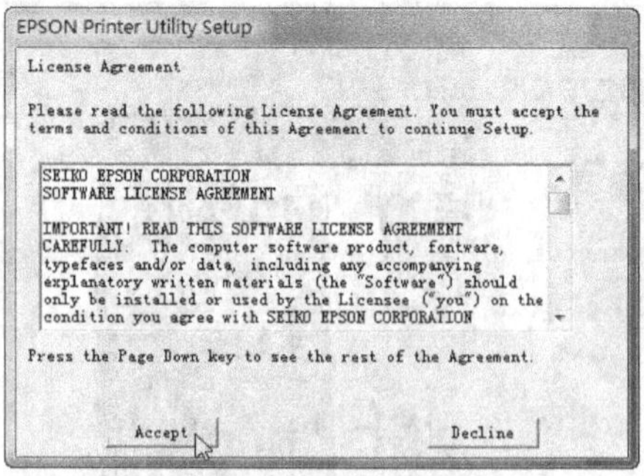

图 6-9　“许可证协议”对话框

图 6-10　“警告”对话框

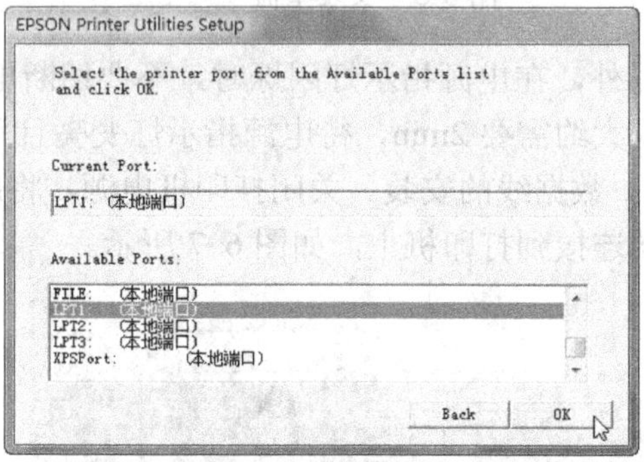

图 6-11　“选择打印机端口”对话框

2．添加新硬件

1）将安装好的打印机连接到计算机后，启动计算机。

2）进入操作系统后，系统会自动检测新硬件，并显示如图 6-12 所示的对话框。如果系统未能检测到新硬件，则需要执行“开始”→“控制面板”→“添加硬件”操作，此时同样会显示如图 6-12 所示的对话框。

3）单击“下一步”按钮，显示如图 6-13 所示的“向导询问”对话框。如果选择“搜索并自动安装硬件”单选按钮，然后单击“下一步”按钮时，则系统将自动搜索硬件并开始安装。

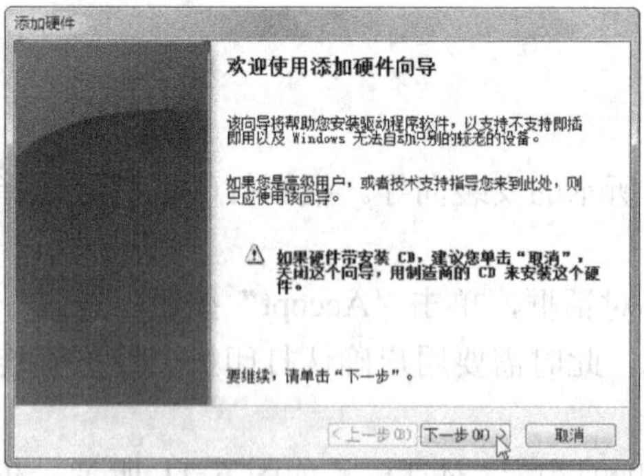

图 6-12　“添加硬件”对话框

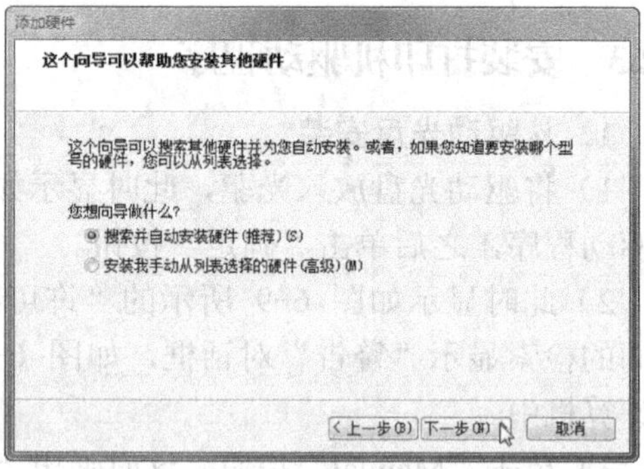

图 6-13　“向导询问”对话框

如果系统未能搜索到硬件或者选择“安装我手动从列表选择的硬件”单选按钮，则显示如图 6-14 所示的“选择硬件类型”对话框。

4）在此对话框中，选择需要安装的计算机硬件类型，然后单击“下一步”按钮，此时显示“选择打印机端口”对话框，如图 6-15 所示。

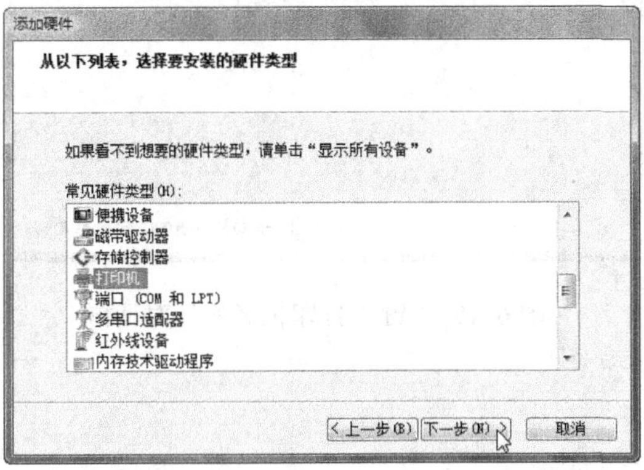

图 6-14 “选择硬件类型”对话框

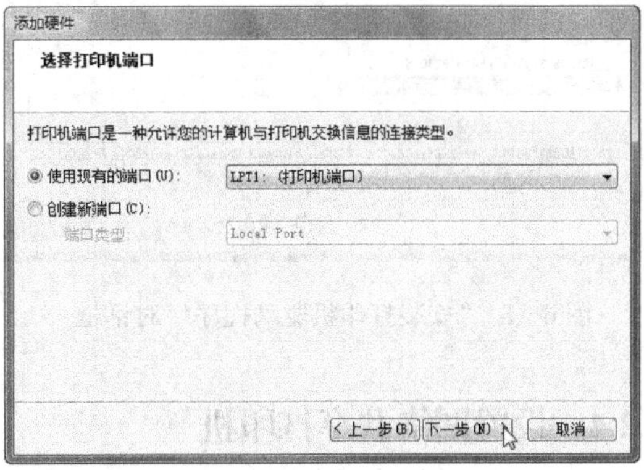

图 6-15 “选择打印机端口”对话框

5）在“使用现有的端口”下拉列表框中，选择可用的端口，然后单击“下一步”按钮。这时显示如图 6-16 所示的“安装打印机驱动程序”对话框，在此列表中，所包含的打印机驱动程序均是系统自带的，用户从中选择最匹配的驱动程序，单击“下一步”按钮，安装向导将自动安装该驱动。

6）如果在图 6-16 的列表中找不到对应型号的驱动程序，则单击“从磁盘安装”按钮，此时显示如图 6-17 所示的“从磁盘安装”对话框。单击“浏览”按钮，在显示的对话框中选择后缀为“.INF”的安装文件，然后单击“确定”按钮。

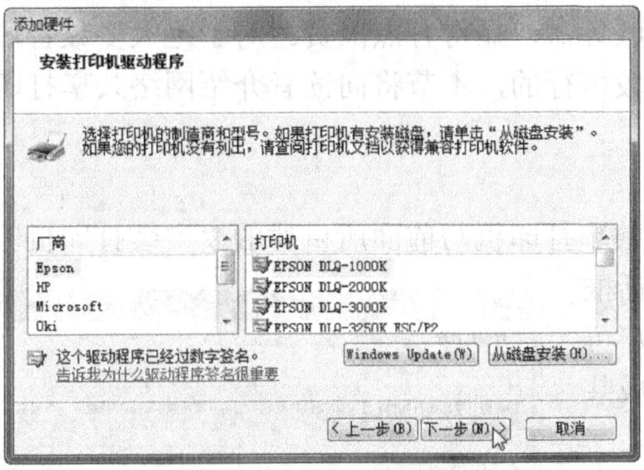

图 6-16 “安装打印机驱动程序”对话框

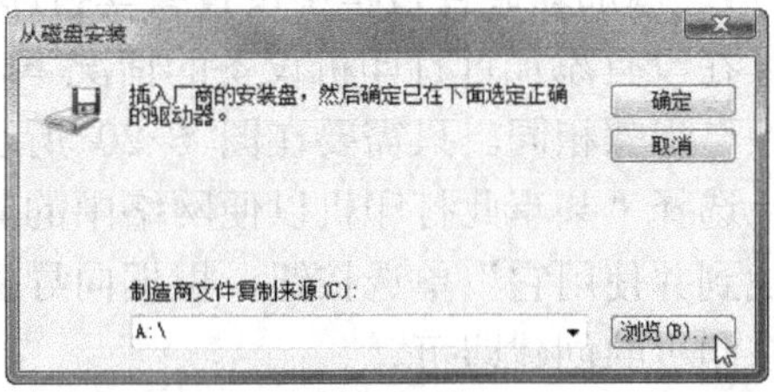

图 6-17 “从磁盘安装”对话框

7）显示如图 6-18 所示的“安装打印机驱动程序”对话框，在此列表中，选择对应的打印机型号，单击“下一步”按钮。

8）显示如图 6-19 所示的“键入打印机名称”对话框，在文本框中输入打印机的名称，然后单击“下一步”按钮，显示“打印机共享”对话框，如图 6-20 所示。这里选择“不共享这台打印机”单选按钮，单击“下一步”按钮，经过一段时间的安装，显示“添加成功”对话框，单击“完成”按钮，即结束对指定打印机驱动程序的安装。

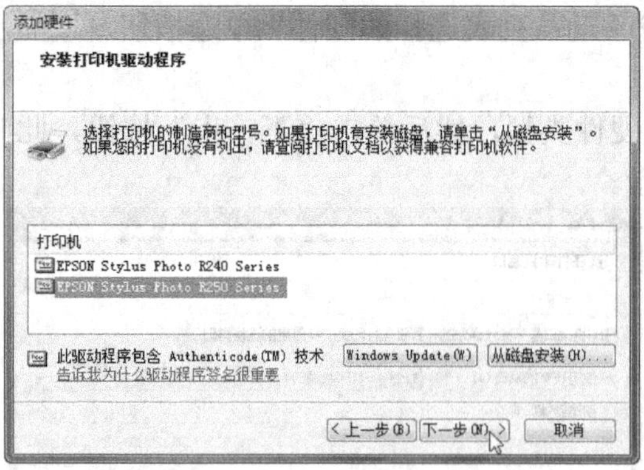

图 6-18 “安装打印机驱动程序”对话框

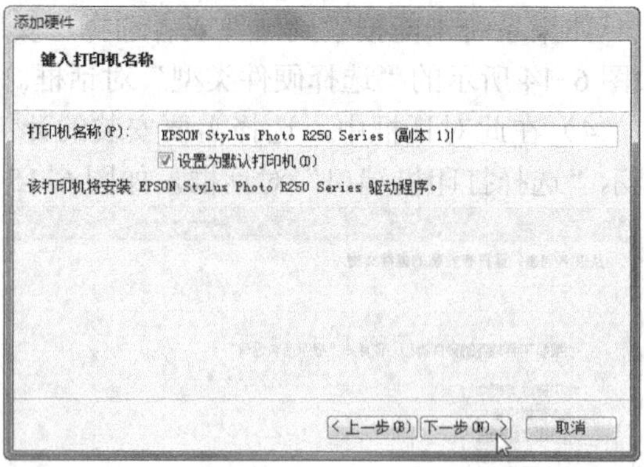

图 6-19 “键入打印机名称”对话框

6.2.4 设置网络共享打印机

网络共享打印机是一台连接到局域网上的、可为局域网内其他用户提供共享打印服务的打印机。如果这台打印机安装在读者的计算机上，那么对于读者来说就是本地打印机，而对于网络中的其他用户来说，这台打印机就是网络共享打印机。

在网络中的其他用户，可以通过局域网将打印作业提交到网络共享打印机中打印输出。假如网络打印机在打印过程中接到其他打印作业，那么当前正在打印的作业并不受任何影响，网络共享打印机会将打印作业以临时文件的形式保存在一个文件夹下，待当前打印作业完成后，再响应其他打印请求。

要实现一台打印机为网络中多个用户服务有两种途径：一是将打印机共享，二是通过打印服务器共享打印。一般来说，使用打印服务器来实现共享打印比较专业，但对于普通家庭用户或小型局域网用户来说，再购买一台打印服务器，显得有点浪费。对于绝大多数普通用户来说，使用网络共享的方法来进行打印是比较可行的，本节将向读者介绍网络共享打印机的设置方法。

1．添加新硬件过程中设置共享打印机

在没有添加过打印机设备的情况下，添加共享打印机与前面所讲述的“安装打印机驱动程序”步骤相同。只需要在图 6-20 所示的对话框中，选择“共享此打印机以便网络中的其他用户可以找到并使用它”单选按钮，根据向导提示完成共享打印机的创建即可。

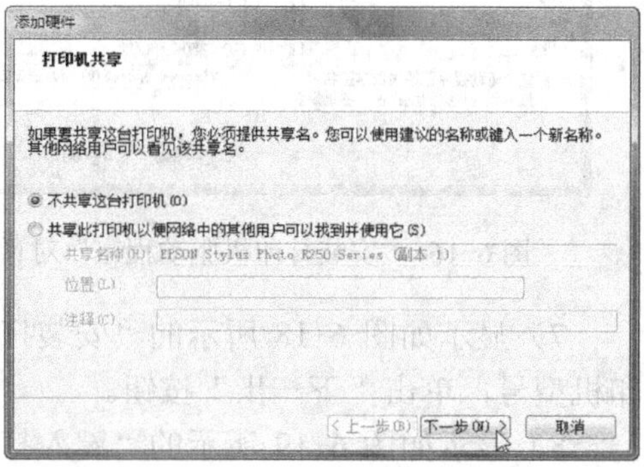

图 6-20 “打印机共享”对话框

2．设置共享打印机

在正确安装打印机驱动程序后，根据实际情况需要将打印机设置成共享打印机，以便网络中其他用户使用，具体操作方法如下。

1）执行“开始”→“控制面板”→“打印机”命令，打开“打印机”窗口，在想要共享的打印机上单击鼠标右键，如图 6-21 所示，在弹出的鼠标右键菜单中选择“共享”命令。

2）此时显示如图 6-22 所示的“打印机属性”对话框。在“共享”选项卡中勾选“共享这台打印机”复选框，其他设置保持默认值不变，单击“确定”按钮，即可完成共享设置，此时原来的打印机图标出现了共享标志。

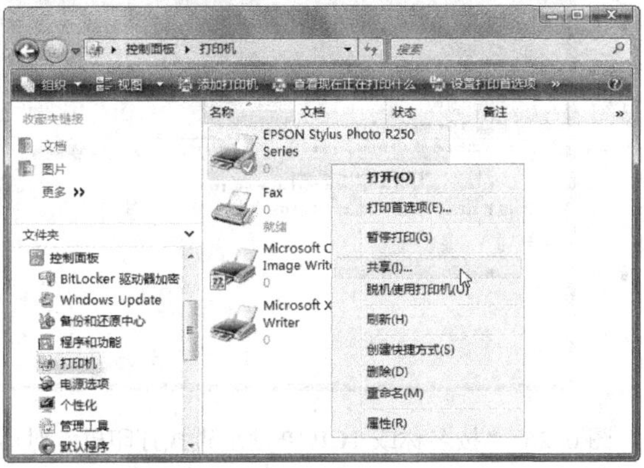

图 6-21　设置网络共享打印机

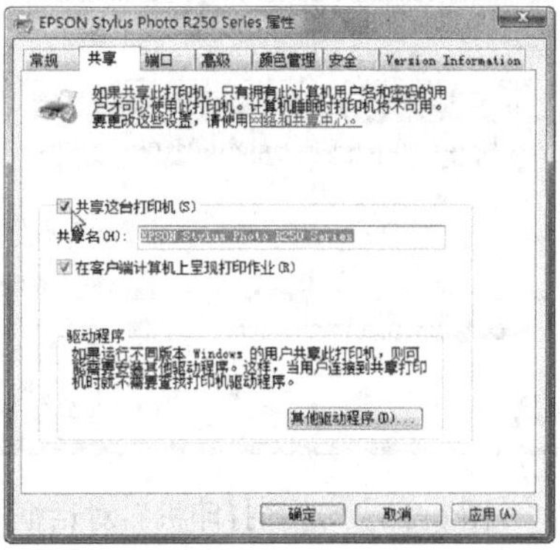

图 6-22　“打印机属性”对话框

3. 在客户机上添加网络打印机

在客户机上添加网络打印机，在添加前首先要确认本地机器是否处于网络中，并且该网络中有共享的打印机。

1）进入控制面板，双击“打印机”功能图标，进入“打印机”窗口。

2）在此窗口中的空白区域单击鼠标右键，在弹出的鼠标右键菜单中选择“添加打印机”命令，如图 6-23 所示。这时显示如图 6-24 所示的“选择本地或网络打印机”对话框。

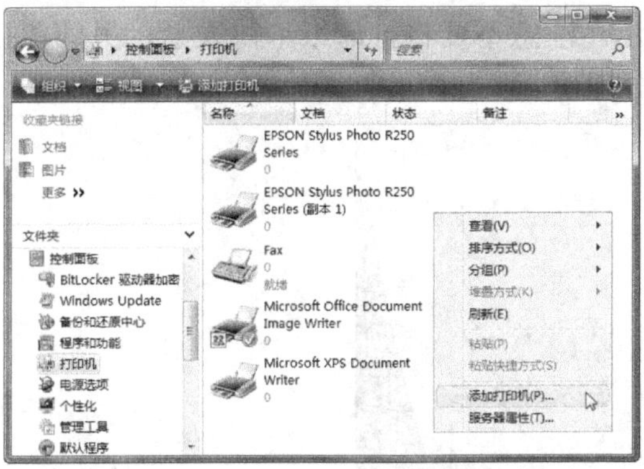

图 6-23　“打印机”窗口中的快捷菜单

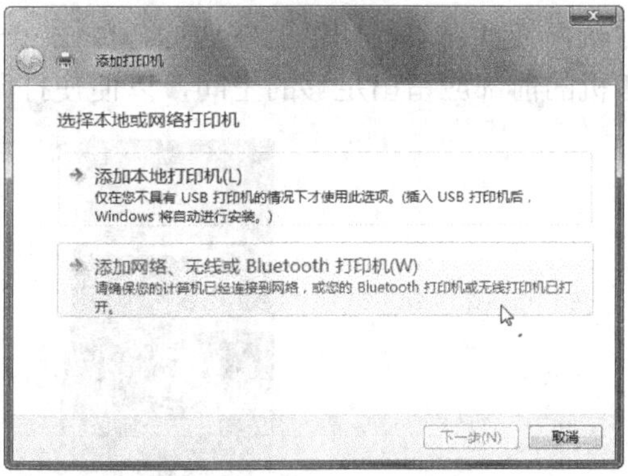

图 6-24　“选择本地或网络打印机”对话框

3）在此对话框中，选择“添加网络、无线或 Bluetooth 打印机”选项，此时系统开始搜索网络上的打印机，并显示如图 6-25 所示的“选择打印机”对话框。如果需要添加的打印机显示在列表中，则选择该打印机后单击“下一步”按钮，根据向导提示即可完成添加网络打印机任务。如果需要添加的打印机不在列表中，则需要单击“我需要的打印机不在列表中”按钮，此时显示如图 6-26 所示的“按名称或 TCP/IP 地址查找打印机”对话框。

4）在图 6-26 所示的对话框中，单击“按名称选择共享打印机”单选按钮，之后在文本框中输入该打印机在网络中的位置和打印机名称即可。

5）设置完成后，单击“下一步”按钮，经过一段时间在网络上的搜索，即可完成安装。这时就可以使用网络共享的打印机进行打印了。

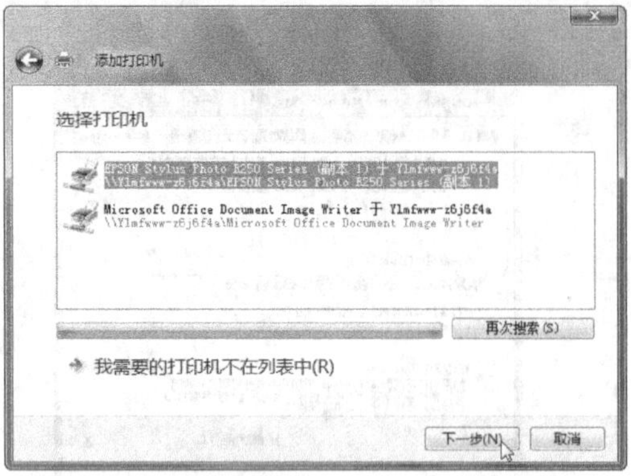

图 6-25 “选择打印机”对话框

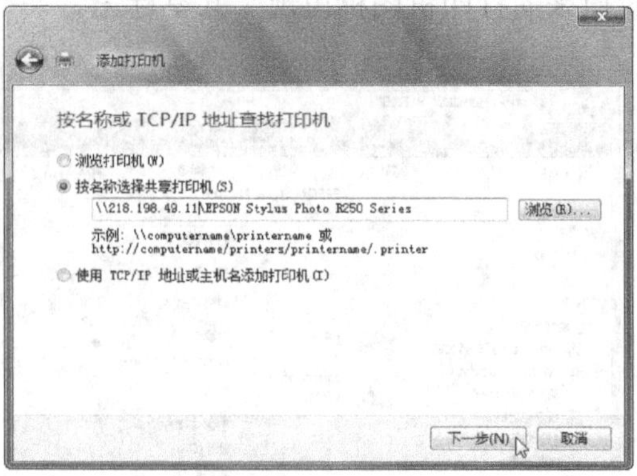

图 6-26 “按名称或 TCP/IP 地址查找打印机”对话框

6.2.5 使用打印机

1. 输出打印

1）将打印机正确连接到计算机上后，打开托纸架，拉出延伸部分。

2）打开出纸器，并将其延伸部分展开。

3）将左导轨滑动到左侧。为避免纸张粘连，可以轻弹纸叠边缘使各页纸分开，保持打印纸边缘整齐。

4）一般将打印纸表面较白并有光泽的面朝上，沿着右导轨装入打印机，然后滑动左侧导轨，使其靠着打印纸的左边缘，如图 6-27 所示。注意不要将打印纸卡得太紧，另外在打印机的前部应留出足够的空间，以便使打印纸充分退出。

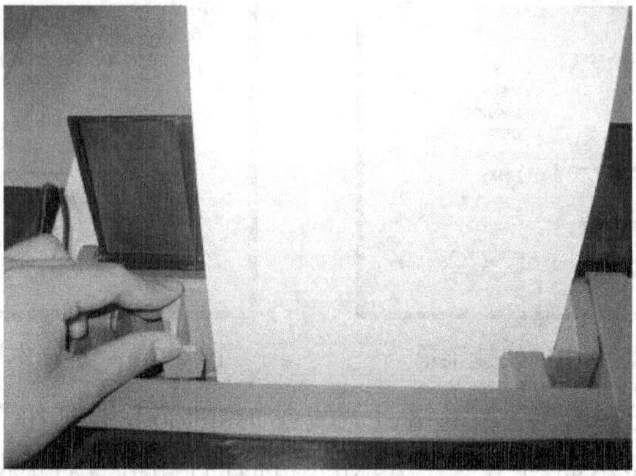

图 6-27 滑动左导轨

这里需要注意的是，正确的存放可以使打印出来的彩色照片颜色保持很多年。一是打印的照片要避免高温高湿，避免阳光直射；二是陈列照片时应尽量将照片装在镜框中；三是将打印的照片放入相册或者无酸性的塑料照片储存箱中。

2．通过存储卡打印

目前许多型号较新的打印机均配有存储卡插槽，用户可以直接将 SD Card、miniSD Card、Compact Flash、xD-Picture Card 和 Smart Media 等多种存储卡插入存储卡插槽，打印机将通过存储卡直接输出打印。本节以 Epson Stylus Photo R250 型打印机为例，介绍直接通过存储卡打印的方法。

1）在打印机面板上，按下开关打开打印机。

2）将打印机盖打开，如图 6-28 所示。

3）将存有照片的 SD 卡插入打印机的存储卡插槽中，如图 6-29 所示。待存储卡完全插入相应的插槽中时，存储卡指示灯亮起。需要特别注意的是，插入时需要注意观察插槽的方向，避免将存储卡反向插入。另外，在存储卡指示灯闪烁时，不要取出存储卡，否则可能会造成存储卡数据丢失的现象。

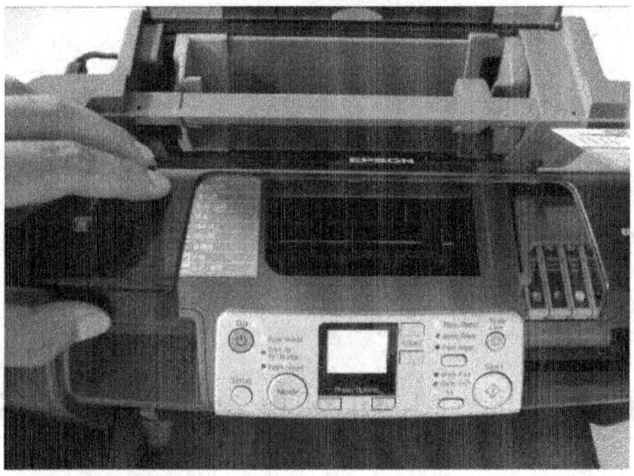

图 6-28　打开打印机盖

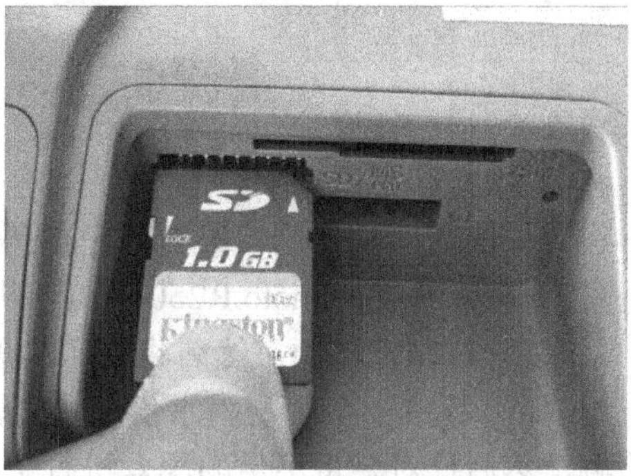

图 6-29　插入存储卡

4）将存储卡插入后，盖上打印机盖。经过一段时间的数据读取，图像的预览图将出现在控制面板的液晶显示窗中，用户可以根据屏幕提示输出打印。

3．从数码相机打印

数码相机与打印机直接相连进行打印，是打印机的另一个实用功能。要通过数码相机进行打印，必备的条件有两个：一是打印机必须有外围设备 USB 接口，二是数码相机具有 PictBridge 或 USB Direct Print 功能。

1）将打印机中的存储卡取出。如果存储卡插在打印机中，那么将是从存储卡中读取照片，而不是从数码相机上读取。

2）将相纸装入打印机。

3）使用打印机控制面板选择打印类型和打印尺寸。

4）一般将数据线的 1394 接头与数码相机连接，USB 接头与打印机前部的外围设备 USB 接口相连，如图 6-30 所示。

5）按下数码相机的开关键，等待一小会儿后，打印机便可自动读取相机中的数据并计算照片数。

6）使用数码相机选择需要打印的照片，在打印机面板中调整需要的设置，按下〈Start〉按键即可开始打印。

需要说明的是，如果数码相机与 PictBridge 或 USB Direct Print 不兼容，那么打印机的控制面板中就会有标志提示，此时便无法进行打印。另外，某些数码相机的内部设置可能无法反映在打印输出中，用户在使用过程中需注意这一点。

图 6-30　连接数码相机与打印机

4．更换打印机墨盒

经过一段时间的使用，某个颜色的墨盒会出现供应不足的现象，此时就要更换这个颜色的墨盒。Epson Stylus Photo R250 型打印机更换墨盒的步骤如下。

1）打开打印机电源，然后将打印机盖打开。

2）如果其中一个墨盒墨水供应量低，则需根据打印机控制面板的提示，进行墨水余量的检测，然后针对余量不足的墨盒进行更换。

3）如果墨盒已空，则在打印机控制面板中按下〈Start〉（开始）按键，此时墨盒缓缓移动到墨盒更换位置，如图 6-31 所示。需要注意的是，不要用手移动打印头，否则可能损坏打印机，只能通过〈Start〉（开始）按键来移动打印头。

4）将新墨盒从包装袋中取出。此步骤需要注意的是，不要触碰墨盒侧面的绿色 IC 芯片，不要损害墨盒上的标签，避免引起墨水泄漏，不要折断墨盒两侧的卡钩。

5）打开墨盒舱盖，如图 6-32 所示。

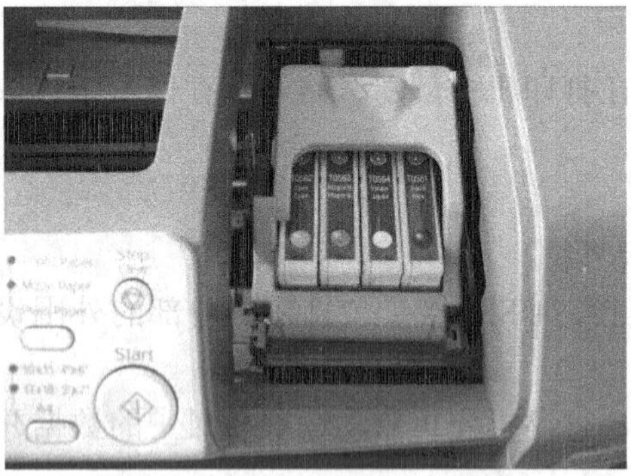

图 6-31　移动墨盒到更换位置

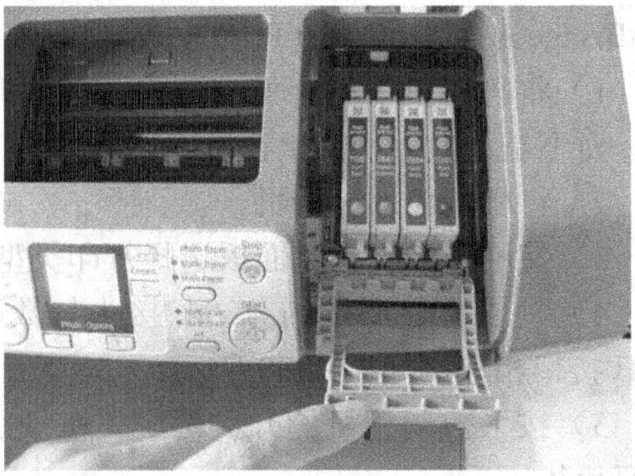

图 6-32　打开墨盒舱盖

6）找到想要更换的墨盒，捏住墨盒两侧的卡钩，向中间挤压并慢慢提起，如图 6-33 所示。正确处理使用过的墨盒。

7）将新墨盒垂直放入墨盒舱中，然后缓慢用力向下推动墨盒，使之锁定到指定位置，如图 6-34 所示。

图 6-33　取出墨盒

图 6-34　安装新墨盒

8）待墨盒正确放入墨盒舱并锁定后，关闭墨盒舱和打印机盖，如图 6-35 所示。

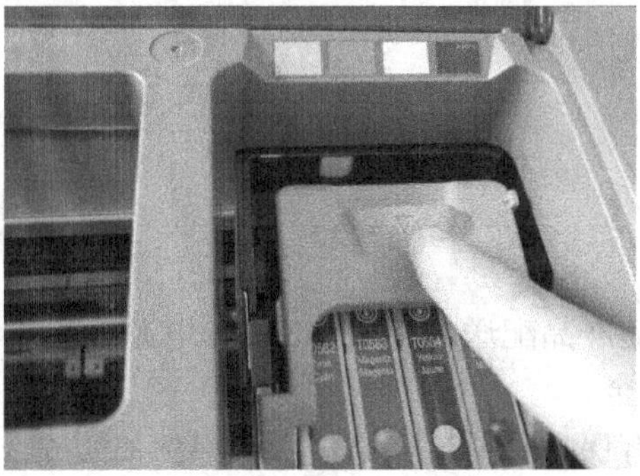

图 6-35　关闭墨盒舱

9）按下〈Start〉（开始）按键，此时打印头移动并开始向墨水传输系统充墨。充墨完成后，打印头返回初始位置。

需要提醒用户的是，更换墨盒的过程中绝对不能用手移动打印头。在更换新墨盒前，需要将空墨盒留在墨盒舱中不要取出，否则留在打印头喷嘴中的余墨会变干，导致无法打印。当有一个墨盒空时，即使其他墨盒有墨水也不能继续打印。

本节所介绍的都是针对特定型号打印机的操作步骤，用户在实际操作时，要首先阅读安装说明和用户手册。

6.3　安装与使用扫描仪

6.3.1　安装扫描仪前的准备

1．实施软环境

Windows 7 操作系统、扫描软件、设备驱动程序、Photoshop CS3、OCR 软件。

2．实施硬环境

1）准备一台具有 SCSI 接口（小型计算机标准接口）、EPP 接口（增强型并行接口）或 USB 接口（通用串行总线接口）的扫描仪，本实例中采用的是惠普公司生产的 HP Scanjet 4070 Photosmart 型 USB 接口扫描仪，如图 6-36 所示。

图 6-36　HP Scanjet 4070 Photosmart 型 USB 接口扫描仪

2）USB 数据线、电源变压器。

3）清洁剂、软布。

6.3.2　安装扫描仪

1．初识扫描仪

1）打开包装箱，检查随产品配送的 USB 电缆、电源适配器、电源线、用户手册、保修单和驱动光盘等物品是否齐全。

2）去除扫描仪上的所有保护材料。扫描仪所有部件如图 6-37 所示。

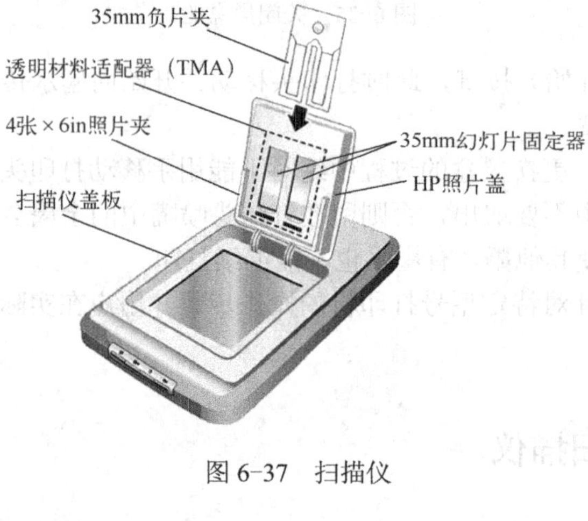

图 6-37　扫描仪

2．安装扫描仪驱动和随机附带的软件

在安装驱动程序前，用户需要注意的是，对于 USB 接口类型的设备，一般在没有安装驱动程序前，不要把该 USB 设备连接到计算机上。待安装驱动程序后，再将该设备的 USB 电缆连接至计算机并打开电源，这时系统会发现该硬件并自动安装驱动程序。此外，多数情况下通过随产品附带的软件来控制外接设备的操作相对容易些，建议用户也要一起安装。

1）将随机附带的 HP Image Zone 光盘放入光驱，光盘自动播放。

2）显示如图 6-38 所示的“HP Scanjet 4070 安装向导”对话框。

3）单击“下一步”按钮，显示“许可协议”对话框，如图 6-39 所示。选择“我接受该许可协议中的条款”单选按钮，单击“下一步”按钮。

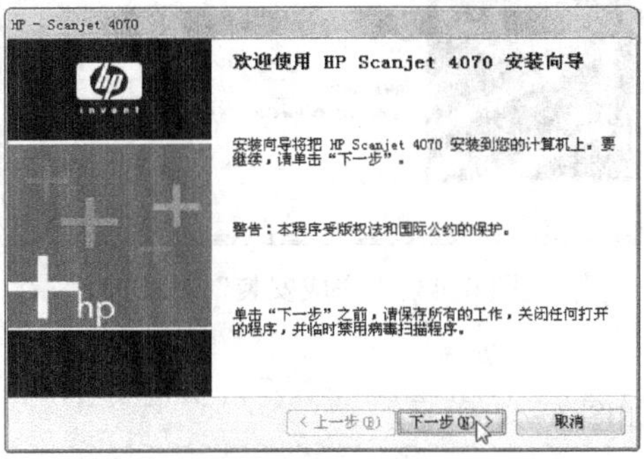

图 6-38 “HP Scanjet 4070 安装向导”对话框

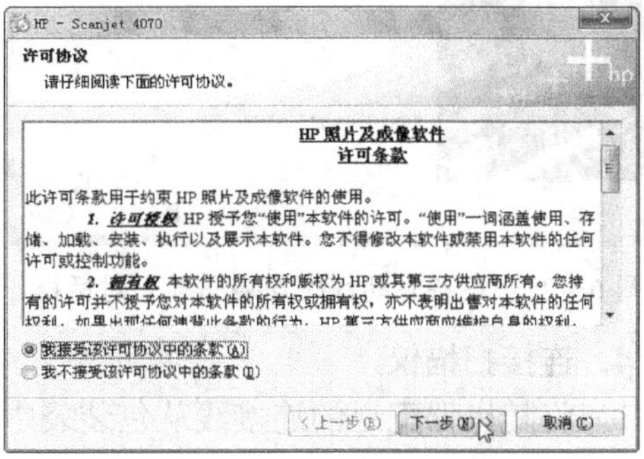

图 6-39 “许可协议”对话框

4）这时显示“目的地文件夹”对话框，如图 6-40 所示。单击“更改”按钮，更改软件安装位置，设置完成后单击“下一步”按钮。

5）这时显示“准备安装”对话框，如果对之前的步骤不做更改，则直接单击“下一步”按钮，开始安装，经过一段时间的文件复制，弹出如图 6-41 所示的“安装完成”对话框。此时随机附带的软件和驱动已一并安装到计算机中。

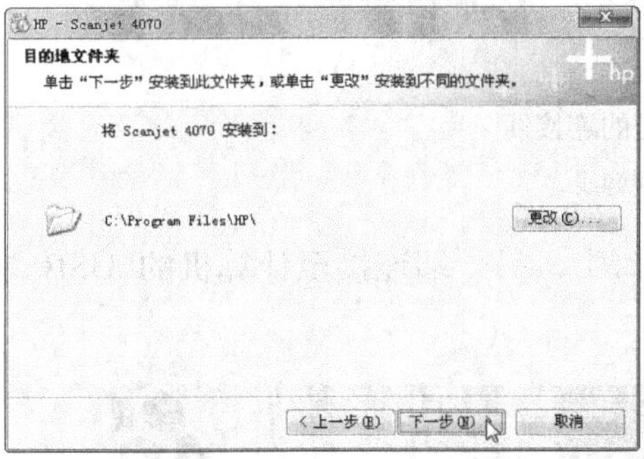

图 6-40 “目的地文件夹”对话框

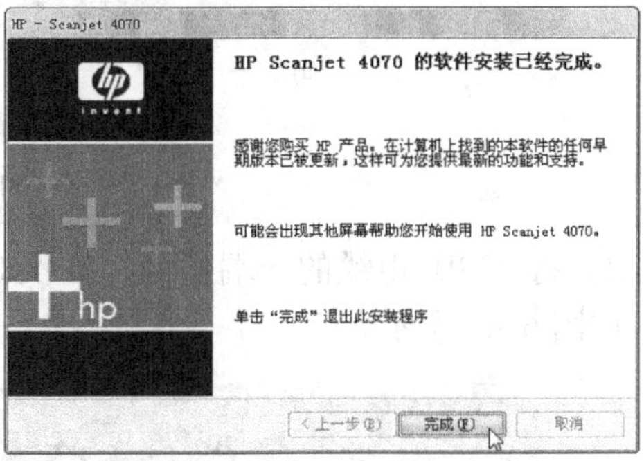

图 6-41 “安装完成”对话框

6）安装结束后，将 USB 电缆连接到计算机中，并接通扫描仪电源。此时扫描仪开始启动，操作系统也发现新硬件并自动安装驱动程序，稍后显示新硬件可以使用了。

3．仅安装扫描仪驱动

假如用户不喜欢使用随机附带的软件，还可以仅安装扫描仪驱动程序，待需要扫描时，使用 Windows 自带的扫描向导同样可以完成扫描任务。

1）在安装驱动程序前不要将扫描仪连接到计算机中。

2）关闭计算机其他应用程序，将随机配送的光盘放入光驱，运行扫描仪的驱动程序。

3）此时弹出如图 6-42 所示的“设备驱动程序安装向导”对话框，单击“下一步”按钮后，经过一段时间的安装，显示如图 6-43 所示的“完成安装”对话框，然后单击“完成”

按钮，结束扫描仪驱动的安装。

图 6-42 “设备驱动程序安装向导”对话框

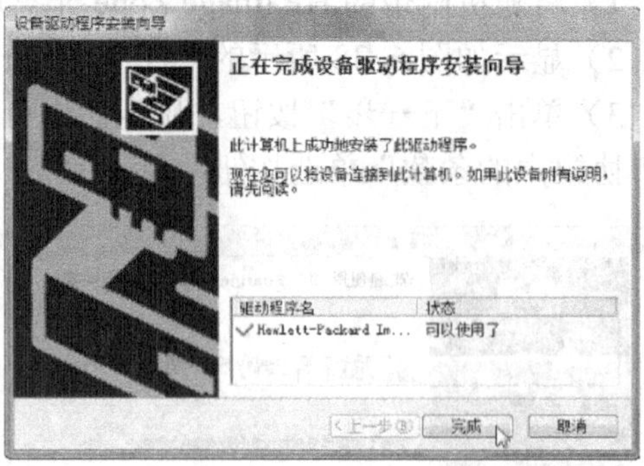

图 6-43 “完成安装”对话框

4．连接扫描仪

1）将随机器配送的连接线从包装袋中取出，如图 6-44 所示。

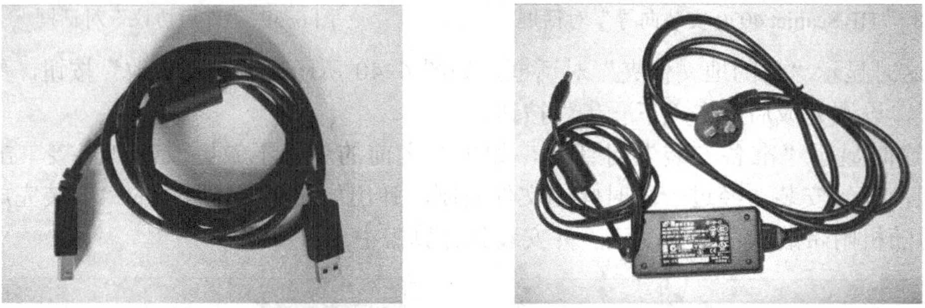

a)　　　　b)

图 6-44　随机器配送的连接线

a) USB 电缆　b) 电源线

2）将 USB 电缆的一端插入扫描仪对应的接口中，另一端连接至计算机的 USB 端口中，如图 6-45 所示。

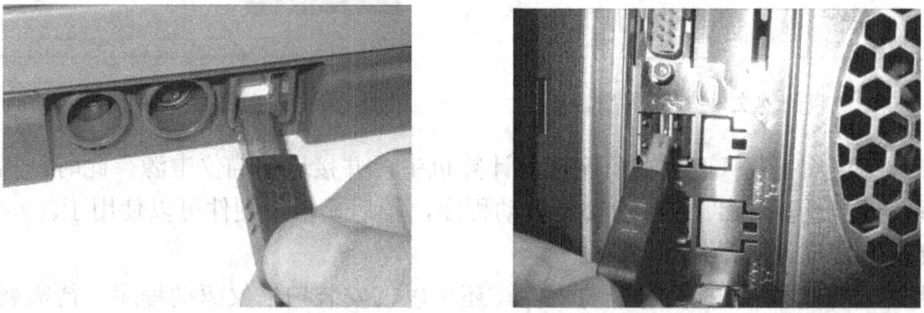

a)　　　　b)

图 6-45　连接 USB 电缆

a) USB 电缆连接至扫描仪　b) USB 电缆连接至计算机

3）将 TMA 电缆连接至扫描仪背部相应的端口中，如图 6-46 所示。然后将电源适配器的一端连接至扫描仪，如图 6-47 所示。

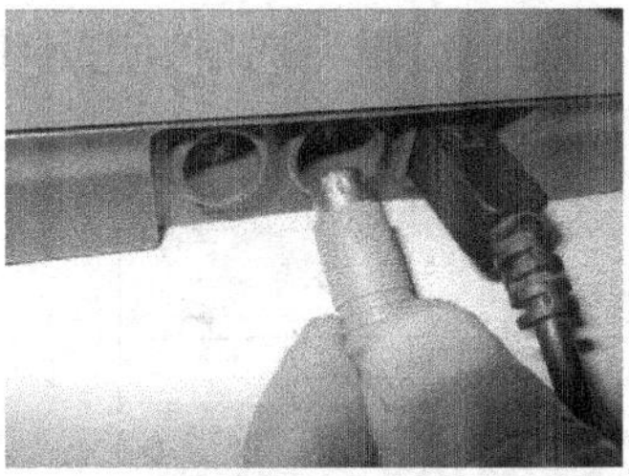

图 6-46　连接 TMA 电缆至扫描仪

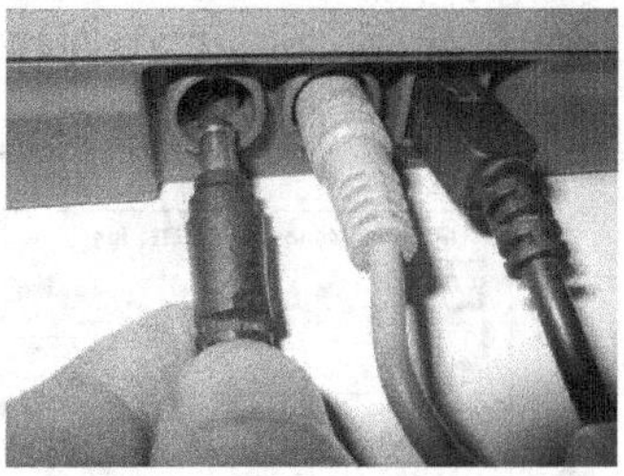

图 6-47　连接电源线至扫描仪

4）把电源适配器的另一端插入插座，此时扫描仪电源开启。

6.3.3　使用扫描仪

1．使用随机附带软件 HP Image Zone 扫描

1）双击桌面上的“HP Image Zone”图标启动该程序，此时显示如图 6-48 所示的主界面，“HP Image Zone”启动后，默认情况下是指定浏览“我的文档”中“My Pictures”文件夹中的内容。

2）将要扫描的文件或照片按照要求放置在扫描仪的玻璃板上。

3）在“HP Image Zone”主界面左侧窗格中单击“从扫描仪”文字连接，此时显示“HP 扫描”对话框，如图 6-49 所示。经过一段时间的扫描，文件就会输出在该对话框中。

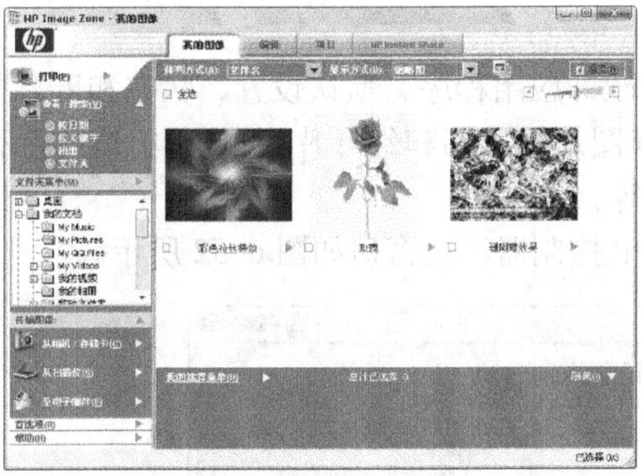

图 6-48　“HP Image Zone”主界面

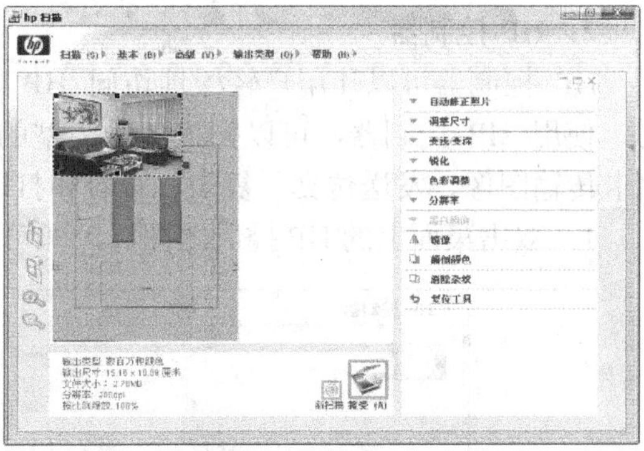

图 6-49　“HP 扫描”对话框

4）在图 6-49 所示的对话框中，软件还为用户提供了调整图像的菜单，如图 6-50 所示。

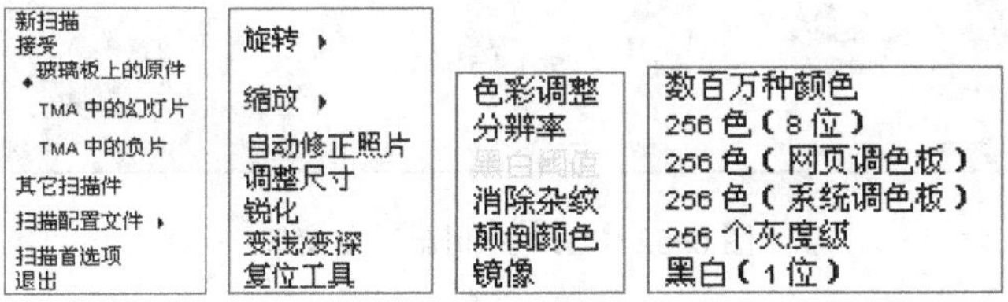

a)　b)　c)　d)

图 6-50　功能菜单

a) 扫描菜单　b) 基本菜单　c) 高级菜单　d) 输出类型菜单

5）待设置完成后，单击“接受”图标按钮，此时 HP 扫描仪将扫描结果输出到“HP Image Zone”。

6）在“HP Image Zone”中选择刚扫描的图片后，单击“编辑”选项卡进入编辑状态，如图 6-51 所示。用户可以根据实际情况，对扫描后的图片进行处理。

图 6-51　编辑扫描的照片

2．HP 控制器

HP 控制器可以让用户轻松地访问 HP 设备的软件应用程序、默认设置、状态和屏幕帮助。使用 HP 控制器，可以扫描各种类型的原件（图片、文档和幻灯片）、从相机或照片存储卡传输图像、发送传真、复印、查看和打印图像等。

1）双击桌面上的 HP 控制器图标，即可启动 HP 控制器，主窗口如图 6-52 所示。

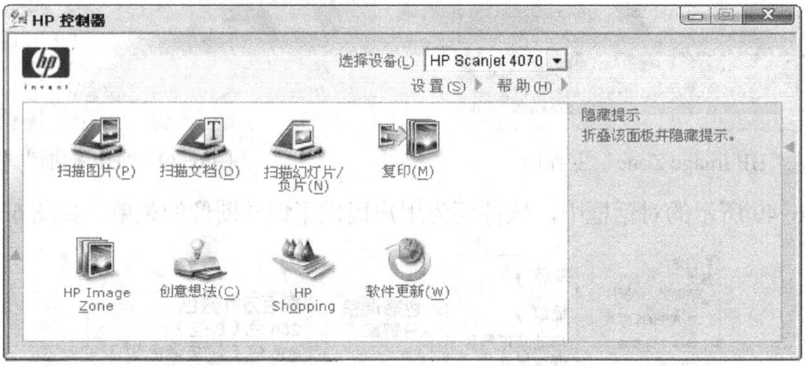

图 6-52　“HP 控制器”主窗口

2）在此对话框中，根据用户的实际情况选择某个功能图标，此时就进入了相应的功能模块，具体的操作与上述扫描过程类似，这里不再赘述。

3．使用 Windows 自带的扫描向导扫描文档

1）待扫描仪正确连接到计算机后，启动计算机，掀开扫描仪盖板，如图 6-53 所示。

2）将需要扫描的文档按照扫描仪边角参考标记“⊡”所示，将原件正面朝下放在扫描仪玻璃板的右上角。

3）待文档对齐玻璃板边缘放好后，轻轻将扫描仪盖板放下。

4）按下扫描仪前端的“📄”图标按钮，如图 6-54 所示，随后扫描仪开始扫描文件。

图 6-53　掀开扫描仪盖板

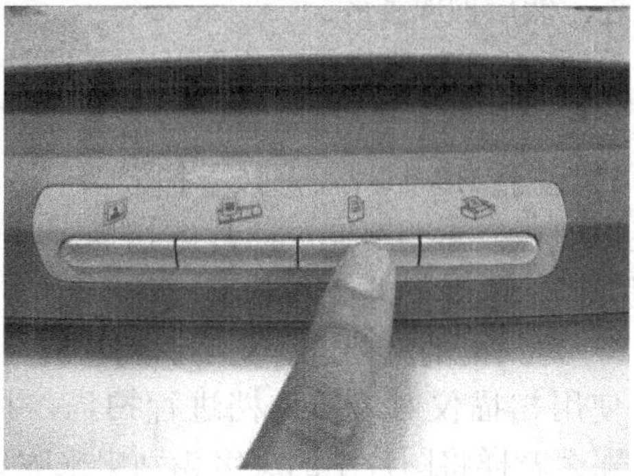

图 6-54　扫描文档

5）此时显示如图 6-55 所示的“新的扫描”对话框。在此对话框中，在“配置文件”的下拉列表框中选择“文档”选项，其他参数可根据实际需要进行调节。单击“预览”按钮，此时扫描仪开始对文档进行扫描，并将图像输出在右方的窗格中。

6）在右方窗格中，使用鼠标对扫描输出的图像进行剪裁。

7）图像调整完毕，单击“扫描”按钮，此时弹出“正在导入图片和视频”对话框，如图 6-56 所示。在文本框中输入新扫描文件的名字，然后单击“导入”按钮。

经过一段时间的等待，扫描仪将纸质文档扫描输出到指定路径，并以 JPEG 格式文件储存。

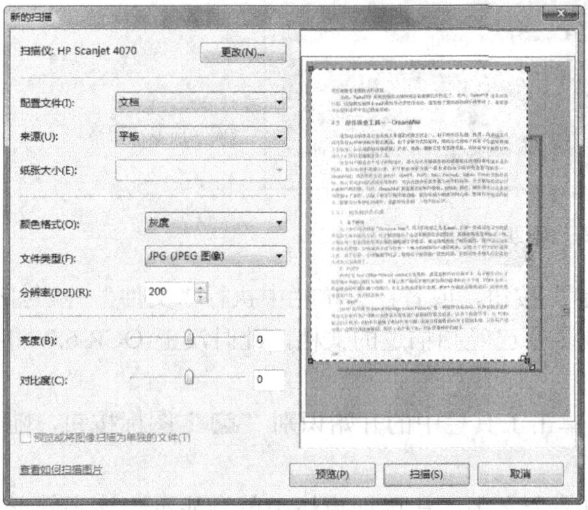

图 6-55　“新的扫描”对话框

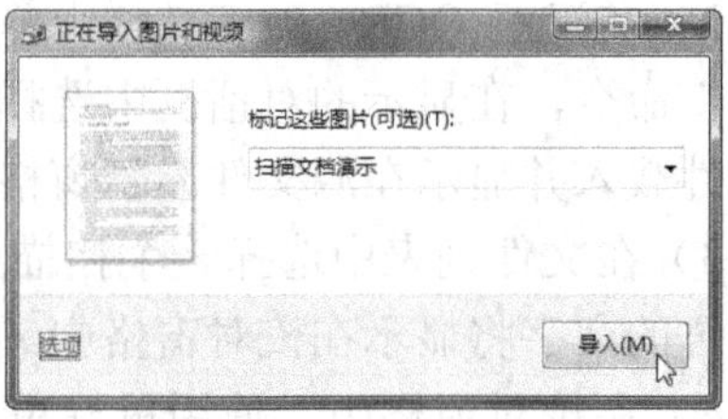

图 6-56　“正在导入图片和视频”对话框

4. 扫描照片

HP Scanjet 4070 Photosmart 型扫描仪为用户提供可以方便、快速地扫描多张照片的照片夹装置。该装置可以容纳 12 张照片，在扫描时所有照片都被稳定到位，只需依次更换即可，方便快捷。

存放于照片夹内的照片要求是 4 张×6in 的标准照片，并且相互不粘连。如果不符合这些要求，可将照片放在扫描仪盖板下的扫描仪玻璃板上。使用照片夹扫描的方法如下。

1）在将多张照片放入照片夹前，先将照片分开，确保没有相互粘连，然后摆放整齐。

2）掀开 HP 照片盖，将照片放入照片夹中，照片朝向用户，顶部朝下，如图 6-57 所示。

图 6-57　使用照片夹扫描

3）盖上 HP 照片盖，按下扫描仪前端的“[图标]”图标按钮，随后根据屏幕提示即可完成照片的扫描。具体过程与前述扫描文档过程类似，这里不再赘述。

5．对扫描的文档进行文字识别

使用扫描仪对纸质文档进行扫描，扫描后保存的是图片格式。那么怎样将图片中的文字识别出来呢？这里就向读者简单介绍一下通过第三方文字识别工具识别文字的方法。本例以汉王 OCR 6.0 文字识别工具为例介绍其用法。

1）正确安装汉王 OCR 6.0 后，启动该款软件，其主界面如图 6-58 所示。

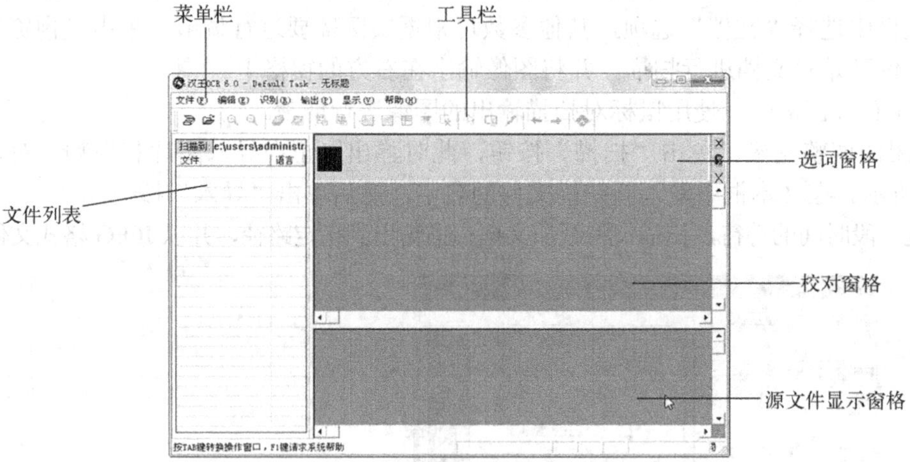

图 6-58　汉王 OCR 6.0 主界面

2）在汉王 OCR 6.0 工具栏中单击“[图标]”按钮，或者在菜单栏中执行“文件”→“打开图像”命令，在显示的对话框中选择一个或多个已经扫描过的文档，此时汉王 OCR 6.0 将扫描文件载入并显示在源文件显示窗格中。

3）在文件列表中选择一个扫描文件，单击工具栏中的开始识别“[图标]”图标按钮，随后识别过的文字将显示在校对窗格中。

4）在校对窗格中，使用鼠标单击选中某个文字，在选词窗格中就会显示与该字外形类似的文字供用户选择，如图 6-59 所示。

5）待校对完成后，执行菜单栏中的“输出”→“到指定格式文件”命令，即可将文件以电子版格式输出到指定位置。

6．提高文字识别率的几种方法

由于影响文字识别率的原因很多，这里介绍几种提高文字识别率的方法。

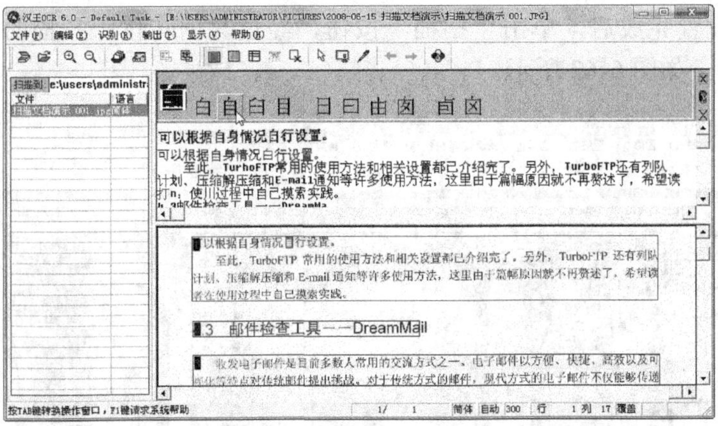

图 6-59　识别文字

1）扫描后识别前，尽量将纸质文档中的背景去除。

2）适当增加曝光度，减小阈值。

3）根据文字的字号选择合适的分辨率，五号印刷体采用 250～300dot/in，四号以上文字可采用 150～200dot/in，六号以下文字可选用 400～600dot/in，报纸等较为粗糙的纸质文档可采用 600dot/in 左右的分辨率。

4）纸质文档中如果出现图形表格、歪斜文字等情况，最好在识别前使用 Photoshop 工具进行处理，使之尽量清晰、干净、端正。

7．在 Photoshop 中使用扫描仪

Photoshop 是专业的图像处理软件，可以调用扫描仪以及直接编辑扫描结果。这里以 Photoshop CS3 为例，介绍在 Photoshop 中使用扫描仪的方法。

1）启动 Photoshop CS3，在菜单栏中执行“文件”→“导入”→“HP Scanjet 4070 TWAIN”命令。

2）此时显示如图 6-60 所示的对话框，单击“预览”按钮，扫描仪开始扫描并将预览效果输出到右侧窗格中。

3）在预览窗内剪裁图像。另外，用户还可以单击“调整已扫描照片的质量”文字链接，对亮度、分辨率、对比度和照片类型这些参数进行设置，如图 6-61 所示。

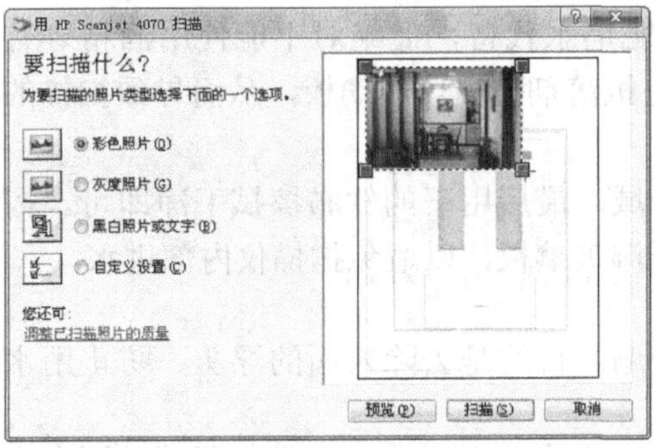

图 6-60　使用 Photoshop 扫描照片

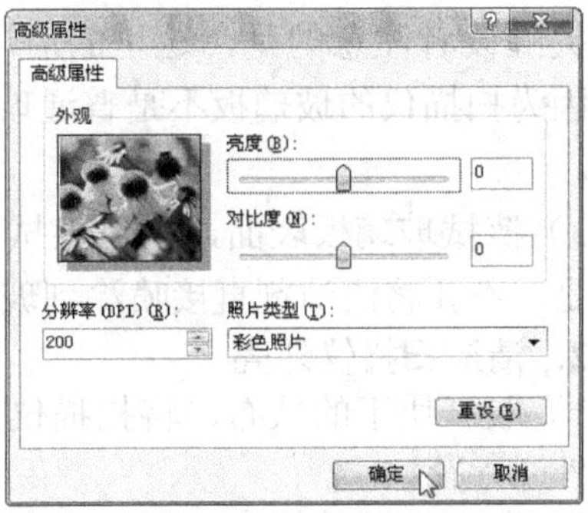

图 6-61　设置照片属性

4）待所有设置完成后，单击“扫描”按钮，经过数据转移，扫描的照片就会显示在 Photoshop CS3 中，如图 6-62 所示。

图 6-62　扫描后照片输出至 Photoshop CS3

5）在 Photoshop CS3 的菜单栏中执行“图像”→“调整”→“曲线”等命令，即可对照片进行调整。

6.3.4　清洁扫描仪

1．清洁扫描仪玻璃板

在使用一段时间后，扫描仪玻璃板上会留下指纹和污垢。这种情况很可能会导致扫描结果不清晰，极大地影响扫描的质量，这时就需要清洁扫描仪玻璃板了。具体操作步骤如下。

1）切断扫描仪电源。

2）掀开扫描仪盖板，取一块干净的吸水性较好的软布，将玻璃清洁剂喷涂在软布上。需要提醒读者注意的是，这里的清洁剂可以用肥皂水代替，但绝对不能使用酒精等有机溶剂！因为扫描仪的玻璃板不是普通玻璃，使用有机溶剂会损坏玻璃板，从而导致扫描的图像失真。

3）擦拭玻璃板表面，重点擦拭有污渍的区域，最后用干的软布擦拭干净即可。需要注意的是，不要将清洁剂直接喷涂到玻璃板上或弄湿玻璃板，以避免扫描仪内部进水。

2．清洁扫描仪外壳

1）取一块干的软布，将扫描仪外壳擦拭一遍。目的是去除表面的浮灰，防止用水擦拭时将外壳弄花。

2）取一块湿的软布，把外壳再擦拭一遍。注意软布不要太湿，避免擦拭过程中水流进扫描仪内部。

6.4 实训习题

1．打印机可分为哪几类？
2．简述更换喷墨打印机墨盒的过程。
3．如何设置共享打印机？
4．在安装 USB 接口类型的外接设备时有什么注意事项？
5．如何使用扫描仪扫描文档？
6．在清洁扫描仪时应注意什么？

实训7　局域网的组建

计算机用户的数量不断上升，促进了计算机局域网技术的发展，并在计算机网络中形成了一个非常重要的领域。将某个范围内的计算机连接起来组成局域网，以实现计算机之间的数据交换。共享网络硬件和软件资源是本章将要介绍的重点。

7.1　实训任务

通过本节实训内容的学习，主要让读者了解局域网，认识局域网设备，熟练掌握局域网的连接和配置方法。另外，通过无线宽带路由组建无线局域网的全过程，使读者了解无线网络的相关知识，认识无线设备，掌握实现共享上网的设置方法。在熟悉计算机网络知识的基础上，提高动手能力，积累实践经验。

7.2　实训准备

1．必备工具

1）十字口螺钉旋具：主要用于安装网卡和安装或拆卸螺钉。

2）网线钳 1 把：用于压制水晶头，制作网线时用。

3）网线测试仪 1 台：用于测试制作的网线是否合格。

2．必备器材

1）双绞线电缆，长度根据实际情况而定。

2）RJ-45 水晶头 4～6 只。

3）集线器 1 台，无线路由器 1 台。

4）网卡两块。

5）计算机 2 台，每组 1 台用于分组实验。

3．实训环境

1）干净的工作台：为了实验方便，组建局域网过程最好是在一个高度适当、面积宽敞的台面上进行。

2）电源插座。

3）Windows 7 操作系统。

4．实验分组

每组 2～3 人，根据本实验的需要，各组之间要紧密配合。网络组建成功后需测试是否可以访问对方。

7.3 制作网线与安装网卡

7.3.1 制作网线前知识准备

1．双绞线

常见的双绞线有 3 类线、5 类线和超 5 类线以及最新的 6 类线。为了适应高速网络数据传输，一般用户选择 5 类以上的双绞线就可满足要求。另外，双绞线还分为非屏蔽双绞线（UTP）和屏蔽双绞线（STP）两种。目前，家庭组网使用的都是传输速率为 100Mbit/s 的 5 类非屏蔽双绞线，它的最长传输距离为 100m。这种网线价格便宜，非常适合普通用户的组网需求。

双绞线内部有 8 根铜导线，并用不同的颜色搭配进行区分。为了降低信号干扰的程度，它们两两按一定的密度相互绞在一起，最后包在一个绝缘电缆套管里。另外，双绞线必须通过 RJ-45 水晶头才能与其他设备连接，平时所说的“做网线”，其实就是为双绞线两端安装上水晶头。

2．同轴电缆

同轴电缆是指内外由相互绝缘的同心导体构成的电缆，分为粗、细两种。无论是粗同轴电缆还是细同轴电缆均为总线型拓扑结构，即一根电缆上接多部计算机，当其中一个触点发生故障时会影响到整根电缆上的所有计算机。而且，同轴电缆体积大，不能承受重压和严重弯曲，安装麻烦，目前在局域网环境中，已经被双绞线替代。

3．光缆

局域网中可使用单模和多模光缆，常用的光缆有六芯光缆和四芯光缆。光缆传输的主要特点是传输距离远、频带宽、损耗低、抗干扰能力强和工作性能可靠，目前是国际互联网主干线的载体。

4．网线的线序

网线内部有 8 根导线，在制作网线时，线序排列一般采用 EIA/TIA-568B 或 EIA/TIA-568A 两种标准，网线的连接方法见表 7-1。

表 7-1 EIA/TIA-568B 和 EIA/TIA-568A 标准

标　准	1	2	3	4	5	6	7	8
EIA/TIA-568A	白绿	绿	白橙	蓝	白蓝	橙	白棕	棕
EIA/TIA-568B	白橙	橙	白绿	蓝	白蓝	绿	白棕	棕

普通网线两端采用相同的连接方法，即两个水晶头中的线序相同。级联线两端采用交叉连接的方法，把网线一端的输入和输出信号线交换，即 1 号与 3 号线交换，2 号与 6 号线交换。

7.3.2 制作网线

局域网中设备的连接离不开网线，根据连接的对象不同可分为两种网线，一种是用于双机互连的交叉线；另一种是接交换机或宽带路由器的直连线。这两种网线在材质上一样，只是内部线序有一定差别。

总的来说，不同的设备之间用直连线，相同设备之间用交叉线，如图 7-1 所示。但是有些交换机和路由器是自适应式的，与计算机相连时直连线和交叉线都可以支持。在安装前用户最好阅读一下设备的说明书。

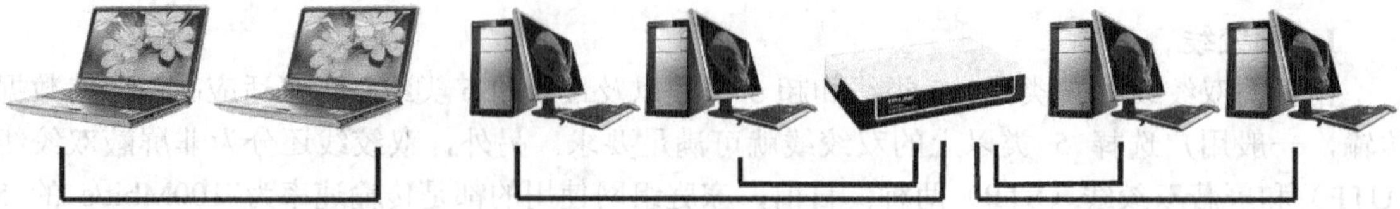

a)　　b)

图 7-1　交叉线与直连线的不同用途

a) 交叉线用于双机互连　b) 直连线用于多机组网

1．工具和材料准备

制作网线就是将 RJ-45 水晶头安装在双绞线的两端，制作时需要网线钳、网线、水晶头和网线测试仪，如图 7-2 所示。

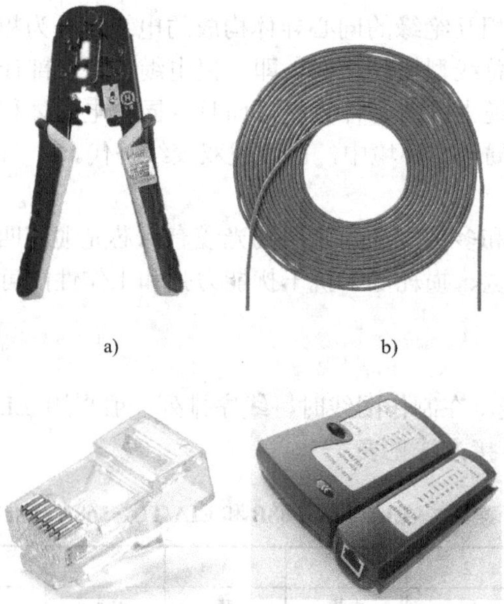

a)　b)　c)　d)

图 7-2　制作网线的工具与材料

a) 网线钳　b) 网线　c) 水晶头　d) 网线测试仪

2．开始制作网线

网线钳是制作网线的专用工具，具有剪线、剥线和压制水晶头三种功能，如图 7-3 所示。

1）根据实际情况选取适当长度的网线，使用网线钳剪断网线。

2）将网线的一端放入网线钳的剥线槽，左手握紧网线，右手用力握紧网线钳并向右侧拽动，把双绞线的护套皮拨开 1cm 左右。

3）将网线内的 8 条导线按照从左至右，即白橙、橙、白绿、蓝、白蓝、绿、白棕、棕的线序（EIA/TIA-568B 标准）排列整齐。

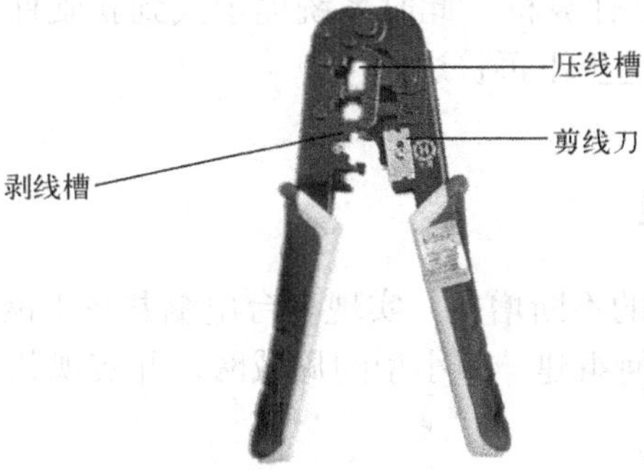

图 7-3　网线钳功能图示

4）使用网线钳后部的剪线刀将线头剪齐。

5）将水晶头金属触点一面朝上放好，把排好序列的网线从水晶头下方的接口中插入，直至插到线槽的顶端。

6）把带水晶头的网线插入网线钳的压线槽中，用力握紧网线钳，使水晶头触点完全镶入插头中。

7）重复上述步骤，将网线另一端制作完成。需要注意的是，根据实际情况选择另一端的线序排列。

3．测试网线

制作网线的时候，难免出现水晶头压制不紧而造成接触不良的现象，这时使用网线测试仪测试网线是否正常是非常方便的。如图 7-3d 所示就是常用的网线测试仪，它能够测试网线是否短路、开路和错线。

1）将网线的两端分别插到网线测试仪 2 个单元的 RJ-45 插口中。

2）打开主单元的开关，主单元的 8 个指示灯按顺序闪烁。此时可以根据主单元与副单元上的指示灯闪烁的情况来判断制作的网线是否畅通。

- 主副单元的指示灯同步按顺序闪烁，说明网线畅通。
- 主单元指示灯亮时，副单元指示灯不亮，说明网线有断路。
- 主单元指示灯亮时，副单元指示灯多个同时点亮，说明同时亮的线短路。
- 主单元指示灯亮时，副单元指示灯亮的位置不对，说明网线的线序出错。

7.3.3 安装网卡

目前主板上都自带网卡芯片，不需要再安装网卡。但如果计算机要当作服务器来用，最好安装一块性能好的网卡来保证网络通信质量。

1）将机箱平放在工作台上，打开机箱盖。

2）卸下机箱背部的一个挡板，以便安装外加的网卡。

3）选择主板上空的 PCI 插槽，将网卡对准插槽用力下压，让网卡“金手指”完全插入 PCI 插槽中。

4）使用十字口螺钉旋具拧紧固定螺钉。

5）硬件安装完成后打开计算机，此时系统提示找到新硬件，然后根据屏幕提示安装网卡驱动即可，具体安装步骤这里不再赘述。

7.4 简单局域网组建

随着家庭中计算机数量的不断增加，实现多台电脑共享上网的需求变得越来越迫切。本节实训内容将向读者介绍如何组建一个小型的局域网，并实现共享上网。

7.4.1 多设备间资源共享

1．设备的连接

1）将网线的任意一端插入计算机背部的网卡接口中，如图 7-4 所示。

2）将网线另一端插入交换机的 LAN 接口，编号任选。用同样的方法，将另外一台主机也连接到交换机的 LAN 端口上，如图 7-5 所示。

图 7-4 网线插入网卡接口

图 7-5 网线插入交换机接口

2．网络设置

由于本例中只需实现两台计算机相互访问、资源共享，不涉及接入 Internet 或其他类型的网络，所以设置较为简单，其步骤具体如下。

1）选择一台计算机进行网络配置。在 Windows 7 系统中，执行“开始”→“控制面板”→“网络和 Internet”→“网络和共享中心”命令，显示“网络和共享中心”窗口。

2）在该窗口左侧，单击“更改适配器设置”文字链接，显示“更改适配器设置”窗口。

3）在“更改适配器设置”窗口中，用鼠标右键单击“本地连接”图标，并选择其中的“属性”命令，如图 7-6 所示。

4）显示“本地连接属性”对话框，如图 7-7 所示。

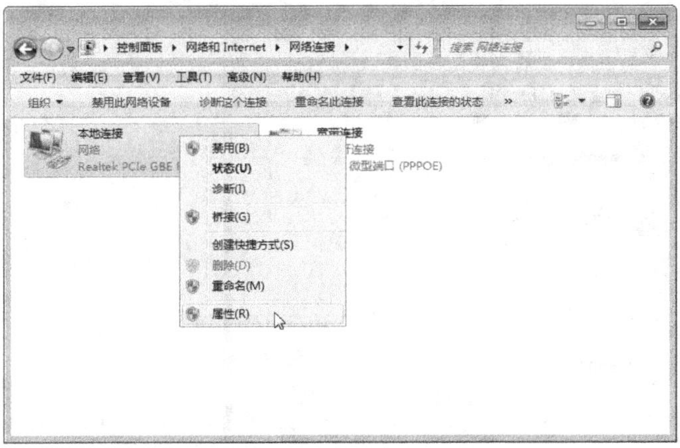

图 7-6　查看“本地连接属性”

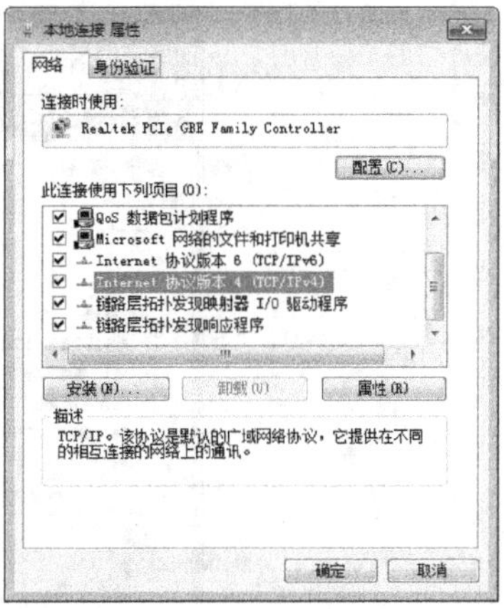

图 7-7　“本地连接属性”对话框

5）在该对话框中选择“Internet 协议版本 4（TCP/IPv4）”选项，然后单击“属性”按钮，弹出“Internet 协议版本 4（TCP/IPv4）属性”对话框。

6）在该对话框中选择“使用下面的 IP 地址”单选按钮，并对 IP 地址和子网掩码进行设置，如图 7-8 所示。这里由于计算机不接入 Internet，所以 IP 地址可以随意设置，只要各台计算机的 IP 地址属于同一个网段即可。

7）重复上述过程，将另外一台计算机的 IP 地址设置为 192.168.10.11，此时局域网组建完成。

8）这时在“网络和共享中心”窗口上部，单击“网络”图标链接，显示如图 7-9 所示的窗口。从该窗口可以看出，系统已经发现了另外一台名为“COMPUTERB”的计算机，双击另外一台计算机的图标即可浏览对方计算机共享的文件。

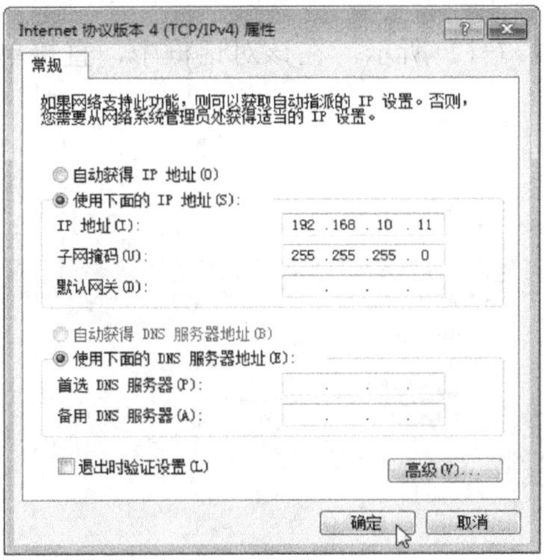

图 7-8　设置 IP 地址

图 7-9　查看网络其他计算机

9）在浏览器的地址栏中输入“\\192.168.10.11”，然后按〈Enter〉键，同样可以访问网络上的主机，如图 7-10 所示。

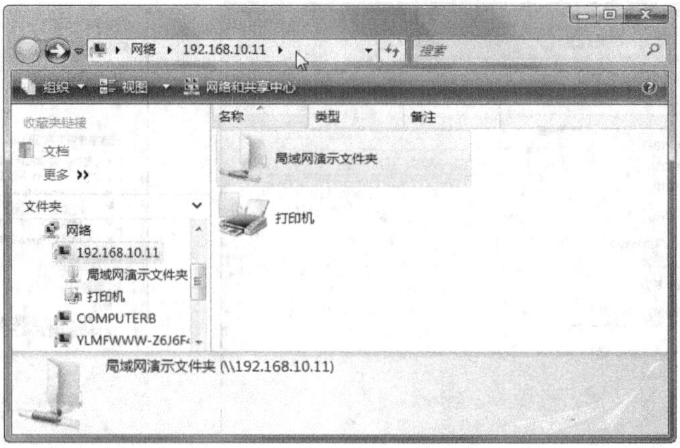

图 7-10　访问对方计算机的共享资源

7.4.2　单台计算机的宽带连接

假如用户家中只有一台计算机，那么在 Windows 7 环境下创建宽带连接十分简单，具体操作如下。

1）确保网线的正确连接。在 Windows 7 环境中选择“开始”→“控制面板”选项。在打开的“控制面板”中单击“网络和 Internet”链接，然后单击其中的“网络和共享中心”链接。

2）此时进入“网络和共享中心”窗口，如图 7-11 所示。在此窗口中单击“设置新的连接或网络”链接，然后在弹出的新窗口中选择“连接到 Internet”选项，最后单击“下一步”按钮。

3）这时弹出“连接到 Internet”对话框，如图 7-12 所示。在该对话框中，直接单击“宽带（PPPoE)”选项。

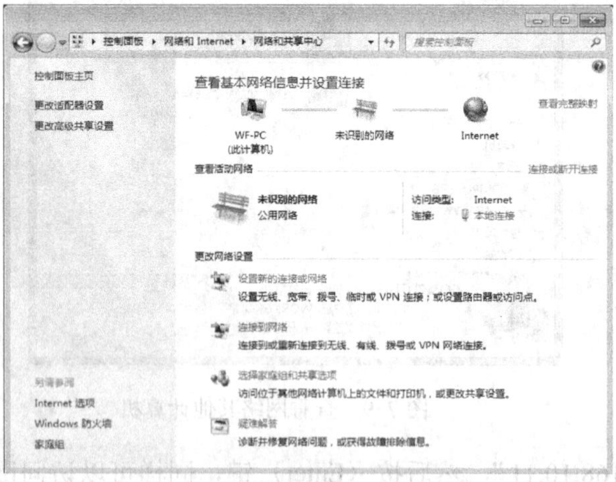

图 7-11　“网络和共享中心”窗口

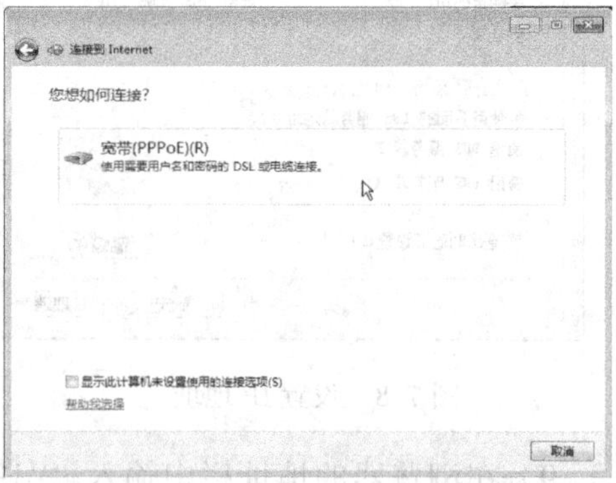

图 7-12　“连接到 Internet”对话框

4）随后弹出新窗口，如图 7-13 所示。在该窗口中输入用户办理宽带时 ISP 提供的“用户名”和“密码”，在“连接名称”文本框中可以输入自定义的任何名称。设置完成后，单击“连接”按钮即可完成宽带的连接。

5）为了方便以后使用宽带连接，有必要在桌面创建快捷方式。再次进入如图 7-11 所示的“网络和共享中心”窗口。

6）单击窗口左侧的“更改适配器设置”链接，即可看到刚才创建的宽带连接。右键单击之前创建的宽带连接，在弹出的快捷菜单中选择“创建快捷方式”命令即可创建一个快捷方式，如图 7-14 所示。

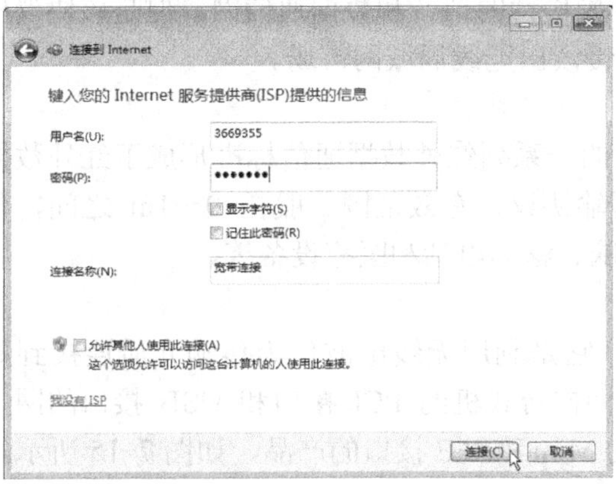

图 7-13　输入宽带登录信息

图 7-14　创建快捷方式

7.5　复杂局域网组建

随着科学技术的发展，功能单一的集线器渐渐淡出市场，取而代之的是功能强大的路由器。本例中所使用的迅捷 FWR310 无线宽带路由器是专为小型企业、办公室和家庭的无线上网需要而设计的，它功能实用、性能优越、易于管理，能够组建内部局域网，允许多台计算机共享一条单独宽带线路和 ISP 账号，并提供自动或按时连通和断开网络连接功能。

另外，市场上满足普通用户使用的无线路由器价格比较合理，是组建局域网首选的网络设备。

7.5.1　无线局域网基本知识

1. 无线局域网的概念

无线局域网（WLAN）是固定局域网的一种延伸，它没有电缆的限制，这就使网络中的计算机具有可移动性和灵活性。另外，采用无线设备组建局域网，不仅可以省掉麻烦的布线过程，而且在材料投资上也节省了很多。

2. 无线局域网的四种标准

（1）IEEE 802.11 标准

802.11 是 IEEE（电气和电子工程师协会）最初指定的一个无线局域网标准，主要用于解决办公室局域网和校园网中，用户与用户终端的无线接入，业务主要限于数据存取，速率最高只能达到 2Mbit/s。随着技术的发展，IEEE 又相继推出了 802.11a、802.11b、802.11g 和 802.11n 等多种协议。

从理论上讲，基于 IEEE 802.11n 标准的无线设备传输速率可达到 300Mbit/s，并且该标准已经成为无线局域网（WLAN）的主流标准，被多数厂商采用。

（2）蓝牙（Bluetooth）

蓝牙是一种能使设备间短距离通信的无线通信技术标准，主要用于在手机、掌上电脑、无线耳机、笔记本电脑和相关外设等众多设备之间进行无线信息交换。

（3）HomeRF

HomeRF 主要是为家庭用户建立具有互操作性的话音和数据通信网。但是该协议标准在抗干扰方面相对其他技术尚有欠缺，已经慢慢淡出无线局域网市场。

（4）红外通信技术

IRDA 是红外数据协会的简称，它制定的一系列红外数据通信标准形成了红外数据通信技术的基础。红外通信技术是点对点数据传输协议，有效范围一般在 0～1m 之间，传输速率最高可达 16Mbit/s，主要应用于笔记本电脑、移动电话和医疗设备等。

3．无线网卡

无线网卡与普通网卡的最大区别在于，它是利用无线电波作为传输介质连接到局域网的。市场上常见的无线网卡多种多样，既有面向台式机的 PCI 接口和 USB 接口的网卡，还有面向笔记本电脑的 PCMCIA 接口和内置的 Mini PCI-E 接口的产品，如图 7-15 所示。

a)　　b)　　c)

图 7-15　无线网卡

a) PCI 接口网卡　b) PCMCIA 接口网卡　c) USB 接口网卡

7.5.2　局域网组网模型

目前，ADSL 和宽带是国内最为普遍的外网接入方式，用户只需要将宽带接头连接至网卡或者将网卡与 ADSL 相连，然后进行虚拟拨号即可上网。在这种宽带接入方式下，使用无线路由器组建局域网共享上网较为合适。

1．无线局域网

带有无线网卡笔记本电脑的用户或购置新计算机的用户，可直接采用无线宽带路由器组网，既省时又方便。组网模型如图 7-16 所示。

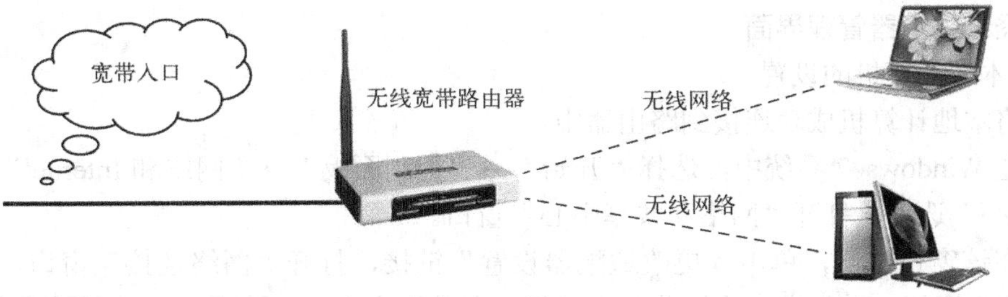

图 7-16　无线局域网组网模型

2．有线与无线混合组网

针对当前拥有多台计算机的家庭来说，使用有线与无线混合组网模式更加适合当前家庭局域网的需要。这种模式既可解决老计算机的网络连接问题，又可解决新计算机共享上网的问题。

目前，主流无线路由器都带有 4 个 LAN 接口，主要用于解决有线形式的连接问题。所以在组建混合型局域网的时候，选择无线路由器是合理可行的，组网模型如图 7-17 所示。

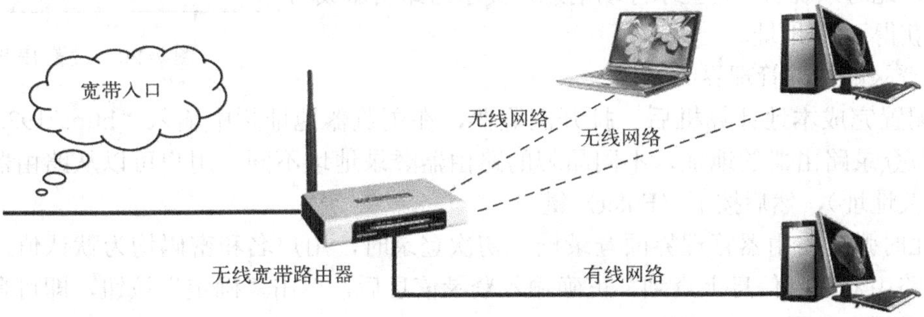

图 7-17　有线与无线混合组网模型

7.5.3　连接并配置路由器实现共享上网

1．硬件连接

1）由于本例中计算机是通过宽带接口与外界相连的，所以可直接将宽带接口插入路由器的 WAN 端口，如图 7-18 所示。

2）将路由器的电源插头插入路由器的电源接口，并将发射天线摆设到位，如图 7-19 所示。

图 7-18　连接路由器

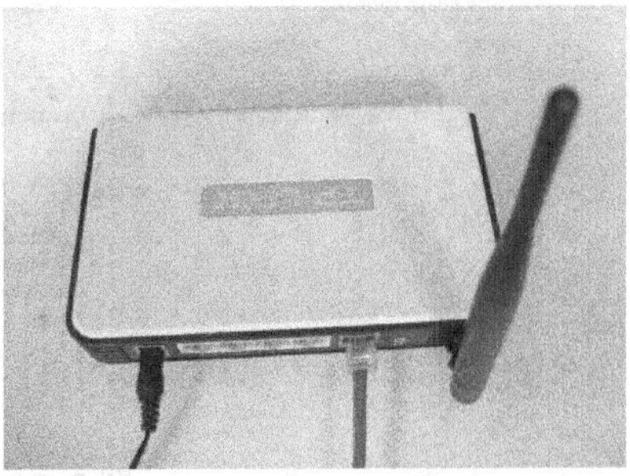

图 7-19　连接电源与摆设天线

2．登录路由器管理界面

（1）本地计算机的设置

1）将本地计算机成功连接到路由器中。

2）在 Windows 7 系统中，选择“开始”→“控制面板”→“网络和 Internet”→“网络和共享中心”选项，打开“网络和共享中心”窗口。

3）在该窗口左侧，单击“更改适配器设置”链接，打开“网络连接”窗口。右键单击“本地连接”图标，在弹出的快捷菜单中选择“属性”命令，弹出“本地连接属性”对话框。

4）在该对话框中选择“Internet 协议版本 4（TCP/IPv4）”选项，然后单击“属性”按钮，弹出“Internet 协议版本 4（TCP/IPv4）属性”对话框。

5）在该对话框中，单击选中“自动获得 IP 地址”和“自动获得 DNS 服务器地址”单选按钮，如图 7-20 所示，单击“确认”按钮，返回上一级窗口。最后，单击“关闭”按钮，保存设置，此时系统右下角显示浮动消息，提示与路由器成功连接，并获得了 IP 地址。

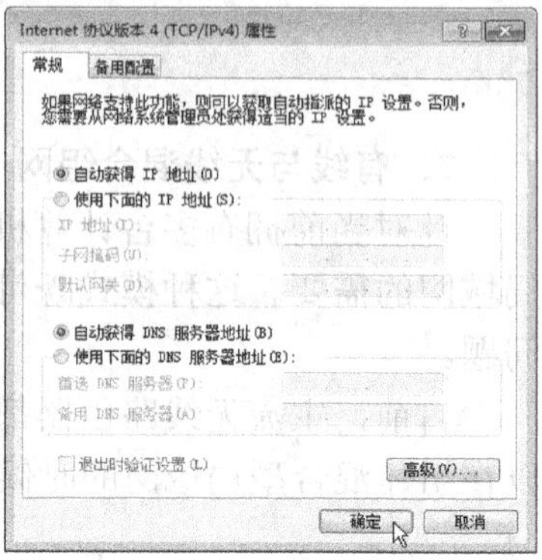

图 7-20　设置 IP 地址

（2）登录路由器管理界面

1）配置完成本地计算机后，打开浏览器，在浏览器地址栏中输入“http://192.168.1.1”（此地址为登录路由器的地址，不同品牌的路由器登录地址不同，用户可以从路由器机身上查看到相关地址），然后按下〈Enter〉键。

2）此时弹出路由器管理界面登录框。初次登录时，用户名和密码均为默认值，用户同样可以从路由器机身信息上查到。正确输入登录信息后，单击“确定”按钮，即可登录到路由器管理界面，如图 7-21 所示。

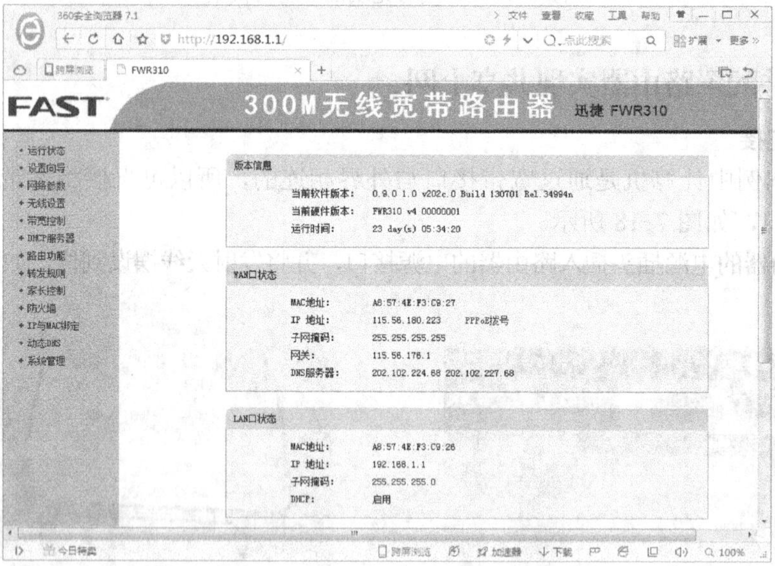

图 7-21　路由器管理界面

3. PPPoE 设置

通过对路由器进行相关设置，能够实现多台计算机共享上网，具体操作步骤如下。

1）成功登录路由器管理窗口。

2）在窗口左侧功能列表中选择“网络参数”→“WAN 口设置”链接。此时进入“WAN 口设置”窗口。

3）在“以太网接入类型”下拉列表框中选择“PPPoE”选项，这时显示相关设置信息，如图 7-22 所示。

4）在“上网账号”和“上网口令”文本框中，分别输入 ISP 提供的登录信息。在窗口底部，单击“按需连接，在有访问时自动连接”单选按钮，如图 7-23 所示。

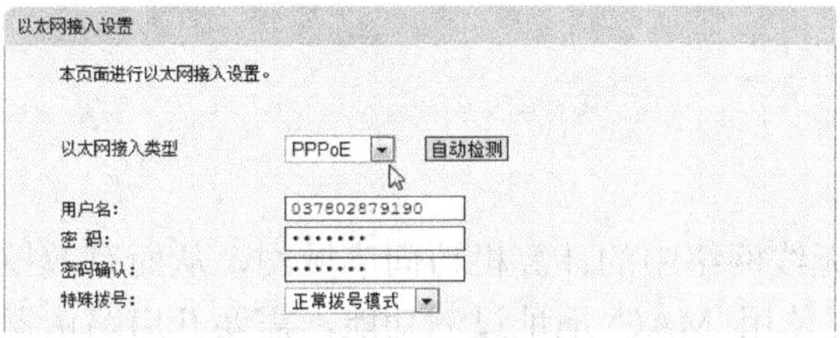

图 7-22 PPPoE 设置

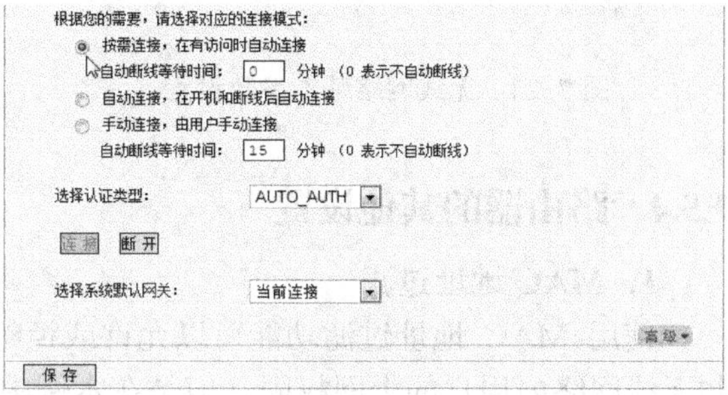

图 7-23 设置连接模式

5）设置完成后，单击窗口底部的“保存”按钮，对设置信息进行保存。在页面左侧功能列表区域，单击“运行状态”链接，查看当前连接状态，如果有 IP 地址等信息，说明拨号成功。

通过以上步骤的设置，用户在开机后无须登录 ISP 提供的客户端软件，即可实现开机自动连接网络。

4. 无线安全设置

通过对路由器的无线安全模块进行设置，能够确保用户在享受无线带来便捷的同时，不用担心无线网络被非法接入。具体操作步骤如下。

1）成功登录路由器管理窗口。在窗口左侧功能列表中单击“无线设置”→“基本设置”链接，此时进入“无线网络基本设置”界面，如图 7-24 所示。

2）在“SSID 号”文本框中可以为无线网络标识设置任意名称；“模式”指的是路由器的工作模式；“频段带宽”指的是无线网络工作的频率段，这里保持默认设置即可。

3）勾选“开启无线功能”和“开启 SSID 广播”复选框。

4）在窗口左侧功能列表中单击“无线安全设置”链接，此时进入“无线安全设置”窗口。

5）这里选择“WPA-PSK/WPA2-PSK”单选按钮，在“PSK 密码”文本框中输入密码即可，如图 7-25 所示。

6）保存设置，重新启动路由器即可生效。

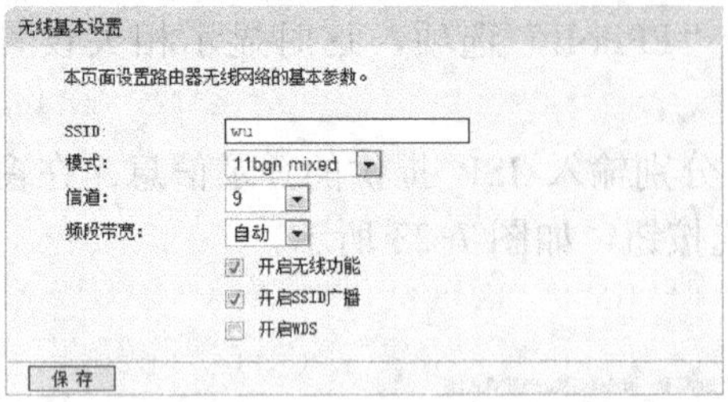

图 7-24　无线网络基本参数设置

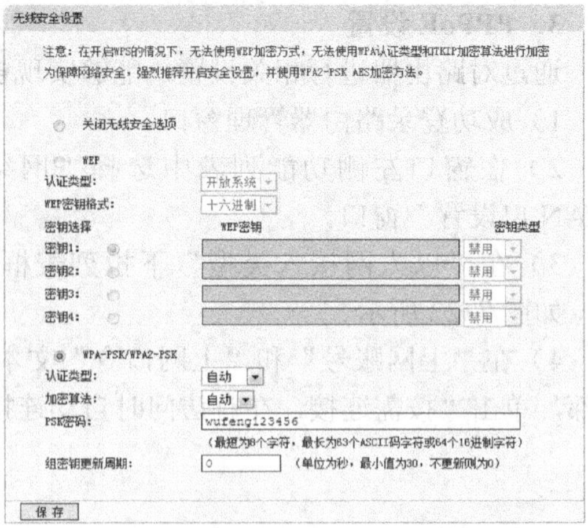

图 7-25　设置密码

7.5.4　路由器的其他设置

1．MAC 地址过滤

使用 MAC 地址过滤功能可以允许或拒绝无线网络中的计算机访问广域网，从而有效控制无线网络内用户的上网权限。但是在本例中要使用 MAC 地址过滤功能，需要开启路由器的防火墙。

为了实验方便，针对 MAC 地址过滤功能，这里做这样的假设：在局域网中，希望 MAC 地址为“00:1D:0F:11:22:33”的主机不能访问无线网络；希望 MAC 地址为“00:1D:0F:11:22:44”的主机能访问网络。

根据上述要求，使用路由器的 MAC 地址过滤功能按照如下步骤进行设置，可以满足假设要求。

1）进入路由器后台管理系统后，单击页面左侧的“无线设置”→“无线 MAC 地址过滤”文字链接，此时进入“无线网络 MAC 地址过滤设置”页面。

2）在此页面中单击“启用过滤”按钮，开启无线网络的访问控制功能，如图 7-26 所示。然后，选择“禁止列表中生效的 MAC 地址访问本无线网络”单选按钮。

3）单击“添加新条目”按钮，按照图 7-27 所示的页面，将“MAC 地址”为“00:1D:0F:11:22:33”的主机信息填写在“MAC 地址”文本框中，并将“状态”改为“生效”。

4）设置完成后，单击“保存”按钮，返回上一级页面。

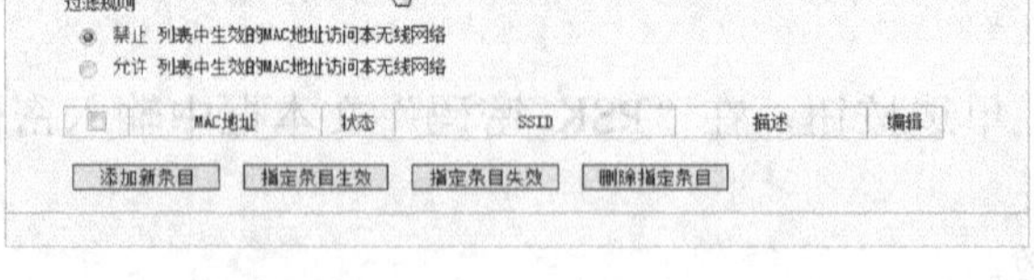

图 7-26　无线网络 MAC 地址过滤设置

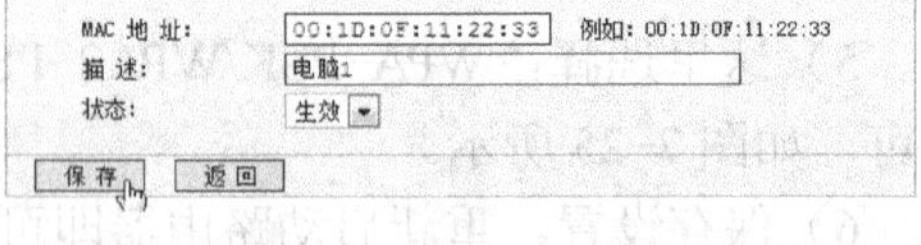

图 7-27　添加无线网络 MAC 地址过滤条目

5）按照上述过程，继续添加 MAC 地址过滤条目，将“MAC 地址”为“00:1D:0F:11:22:44”的主机信息填写在“MAC 地址”文本框中，并将“状态”为“失效”，设置完成后，单击“保存”按钮。

6）全部设置完成后，生成的 MAC 地址过滤列表如图 7-28 所示。

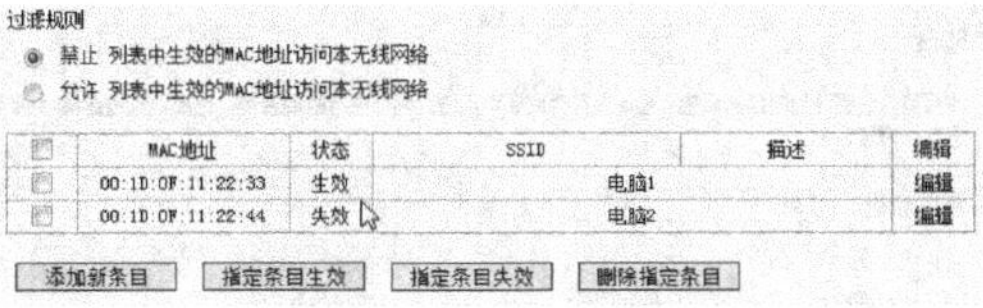

图 7-28　MAC 地址过滤列表

通过以上步骤的设置，就可以满足假设的要求。

2．IP 地址过滤

通过 IP 地址过滤的方式，能够人为地设置网内主机对外网访问的权限，例如，在某个时间段内，禁止或允许网内某个 IP（段）所有或部分端口和外网 IP 的所有或部分端口进行通信。具体操作步骤如下。

1）成功登录路由器管理窗口。在窗口左侧功能列表中单击“防火墙”→“规则管理”链接，进入“防火墙规则管理”对话框，如图 7-29 所示。

2）在此窗口中，勾选“开启防火墙”复选框，然后单击选中“凡是不符合已设上网控制规则的数据包，禁止通过本路由器”单选按钮，单击“保存”按钮进行保存。

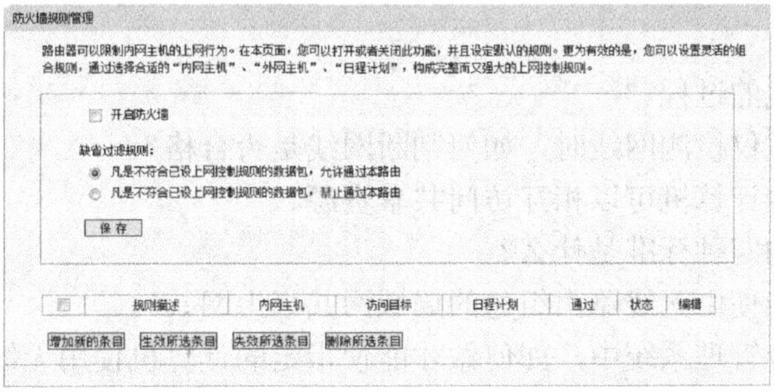

图 7-29　“防火墙规则管理”对话框

3）单击“添加新的条目”按钮，打开如图 7-30 所示的对话框。单击“添加内网主机”文字链接，进入如图 7-31 所示的对话框。在此对话框中，根据需要填写必要的 IP 地址信息，单击“保存”按钮。

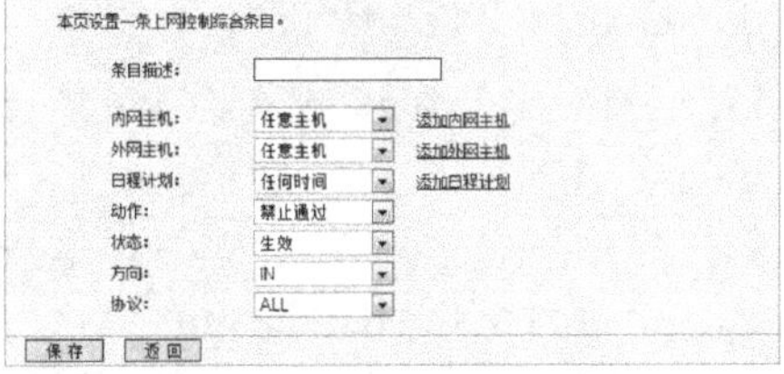

图 7-30　新建防火墙规则

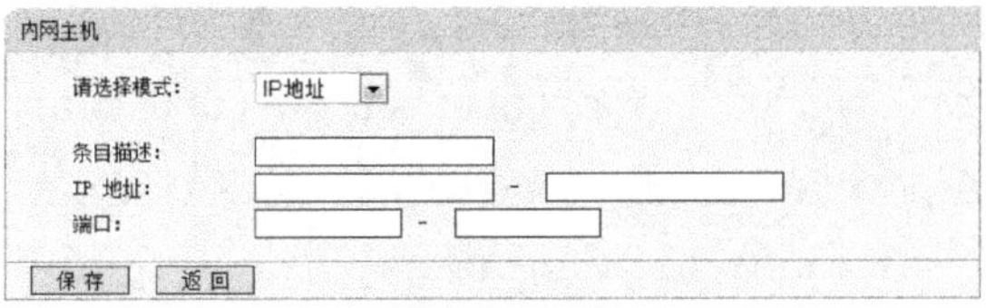

图 7-31　设置待过滤的 IP 地址信息

4）单击“添加日程计划”文字链接，进入如图 7-32 所示的对话框。在此对话框中，根据需要设置允许计算机访问网络的时间信息，然后单击“保存”按钮。

5）跟随提示信息，将图 7-30 所示的所有参数设置完成后，单击“保存”按钮，即可生效。对于 IP 地址过滤的其他过滤内容，由于篇幅所限这里不再赘述。

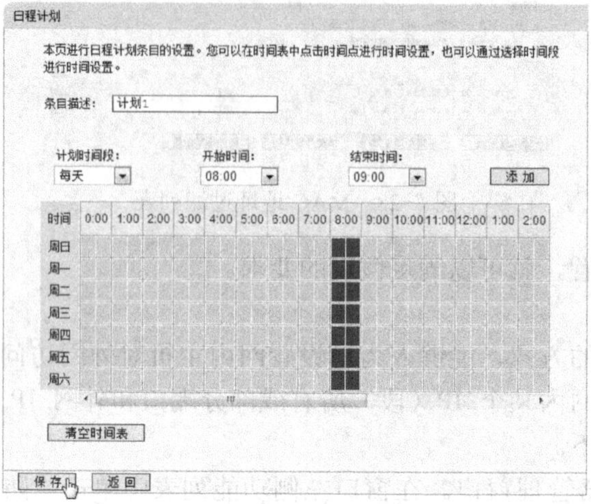

图 7-32 “日程计划”对话框

7.6 实训习题

1. 简述制作网线的过程。
2. 使用网线测试仪检测网线时，如何判断网线是否合格？
3. 怎样实现两台计算机可以相互访问共享资源？
4. 无线局域网的四种标准是什么？
5. 如何设置才能使由无线路由组建的局域网共享上网？
6. 在路由器后台管理系统中，如何做才能使指定的计算机使用无线网络？

实训8　计算机病毒防治

随着计算机网络的普及和迅猛发展，互联网为用户的工作和生活带来了无限方便和快捷。但是，计算机病毒也从未停止发展的步伐，而且有愈演愈烈之势。当前，病毒的互联网化趋势已经凸显，各种盗号木马、恶意病毒、浏览器插件、网站和系统漏洞层出不穷，这些隐藏在用户身边的陷阱时时刻刻威胁着计算机的安全。

8.1　实训任务

通过本实训内容的学习，主要让学生了解计算机病毒防治方面的知识，掌握查杀病毒的基本方法，从而达到灵活运用软件保护电脑的技能。

8.2　认识病毒与木马

8.2.1　病毒与木马

《中华人民共和国计算机信息系统安全保护条例》明确指出："计算机病毒，是指编制或者在计算机程序中插入的破坏计算机功能或者毁坏数据，影响计算机使用，并能自我复制的一组计算机指令或者程序代码。"由此可见，计算机中的病毒，其实就是一段具有特殊功能的程序。

木马，英文叫作"Trojan house"，其名称取自希腊神话的特洛伊战争中著名的"木马计"，它是一段具有伪装和潜伏功能的程序。这类程序从表面上看与其他程序相比并没有什么特殊的地方，主要是通过与其他文件捆绑或伪装成系统文件来达到隐藏自己、窃取用户信息的目的。

病毒与木马具有一定的相似之处，但两者也有很大的差别。狭义的病毒是一段代码，主要是破坏文件或系统、具有自我复制能力、感染性等特征；广义的病毒则包括了狭义的病毒、木马和蠕虫等；而木马一般没有感染性，主要用于盗窃数据，具有潜伏性和触发性。

8.2.2　病毒的特征分析

从病毒传播的角度来看，目前大量的病毒通过"网页挂马"的形式进行传播；从病毒的运作模式来看，它是通过病毒下载器对抗安全软件的方式进行的，这些病毒下载器首先关闭安全软件，然后大量下载盗号木马入侵用户电脑，最后窃取用户的相关信息并发送到黑客的数据库中。综合目前的种种原因，计算机病毒和木马的特点可以从以下几方面进行诠释。

1．病毒制作机械化

随着病毒制作分工的不断细化和病毒制作工具的泛滥，病毒的制作者开始按照病毒制作流程来制作病毒。对于病毒制作者来说，依靠某些病毒制作工具，即使制作病毒者本身并不具备任何专业技术知识，但只要根据自己对病毒的需求，在相应的制作工具中勾选或定制某些功能便可以轻松生成病毒，由此病毒的制作显示出了机械化的特性。

2．病毒制作模块化、专业化

病毒制作者按照功能模块进行外包生产，或者采购技术更为先进的功能模块，使得组合起来的病毒在各个方面都具有很强的专业性，这对电脑用户会造成极大的危害。

3．病毒的互联网化

造成病毒数量井喷式爆发的最主要原因是病毒已经互联网化。其实病毒本身在技术上并没有本质的进步，但病毒的制作者充分利用了高效便捷的互联网，搭建整合了一个产业链条，使得运作效率大幅提高。

以前，病毒的编写、传播、窃取账号、出售等环节都需要病毒制作者来完成，而现在整个链条互联网化后，从挖掘系统或软件漏洞、制造病毒、传播病毒到销售窃取用户信息，已经形成了一条高效的流水线，黑客可以选择自己擅长的环节来运作，使得整个产业链效率更高。

8.2.3 病毒的发展趋势

从有关统计数据来看，目前计算机病毒的发展趋势呈现出以下几方面的特点。

1）波及面广，危害性大。由于绝大多数计算机病毒是通过互联网传播的，因此，一种病毒可以很快地传播到其他任何一个地方。

2）病毒技术含量高，变种多。与传统的编程方法不同，现在的许多病毒是通过先进的编程技术和新的编程语言来实现的，只要稍加修改就可以产生许多变种病毒，以此来逃避杀毒软件的识别。

3）频率高。根据计算机病毒中心的有关统计数据来看，目前每个月都有新的病毒疫情出现，并且造成影响的病毒多达上百种。

4）诱惑性强。目前计算机病毒很会伪装自己，它充分利用计算机用户的好奇心来达到目的。

5）功能多样化。与传统的病毒相比，现代的病毒大多都具有蠕虫、后门程序的功能，不再是以破坏计算机数据为目的。病毒一旦入侵计算机系统后，在不知不觉中，病毒的控制者就会轻而易举地窃取用户信息，甚至夺取系统的控制权。

在病毒防范上面，用户应该增强网络安全意识以及养成良好的电脑使用习惯。首先，不制作、不传播病毒，当重新安装系统时，要保持系统的自动更新，时刻注意安装系统补丁；其次，当用户上网时，应该及时打开杀毒软件的实时监控功能，避免病毒通过用户浏览网页或下载时传播；最后还需注意的是，连接网络时一定要打开防火墙，这样可以有效杜绝病毒与外界联系。

总之，随着计算机病毒的发展，对病毒的防御手段也越来越多。要在与病毒对抗的环境中保持优势，就必须了解病毒的发展趋势，并不断研究关键技术。技术上的创新才是防范与遏制病毒的重要手段。

8.3 360 安全卫士

360 安全卫士是一款完全免费的系统安全防护工具软件。随着功能的不断完善，它已经成为广大用户首选的安全软件之一。它拥有木马查杀、漏洞补丁修复、恶意软件清理、电脑全面体检和痕迹清理等多种功能，能够有效保护网银、游戏和各种账号的隐私安全。此外，360 安全卫士还具有下载、升级和管理各种应用软件的独特功能，非常方便用户使用。

8.3.1　安装和启动

首先，从软件官方网站（http://www.360.com/）下载 360 安全卫士超强查杀套装（卫士+杀毒）软件。双击下载完成的安装包，跟随软件提示完成整个安装过程。

正确安装软件后，360 安全卫士会随电脑系统一起启动。在屏幕右下角的任务栏中，左键单击 360 安全卫士的图标“”，或者右键单击该图标后，在弹出的菜单中选择“360 安全卫士”命令即可打开软件的主界面，如图 8-1 所示。

图 8-1　360 安全卫士主界面

从图 8-1 中可以看出，360 安全卫士的界面布局非常清爽，常用功能位于界面的左下方位置，单击后会直接切换到相应的界面，使得操作更为流畅。

8.3.2　使用安全卫士保护电脑

1．病毒、木马的查杀与修复

病毒、木马对用户电脑危害极大，可导致支付宝、网络银行、即时通信软件在内的重要账户密码丢失。

“查杀修复”功能可以帮助用户找出电脑中疑似木马的程序，并在取得允许的情况下删除这些程序。

定期进行木马查杀，可以有效确保系统的安全，该款软件提供了“快速扫描”“全盘扫描”和“自定义扫描”三种查杀方式。其中，“快速扫描”的操作步骤具体如下。

1）启动 360 安全卫士，单击主界面上的“查杀修复”按钮，此时进入“查杀修复”主界面，如图 8-2 所示。

图 8-2 “查杀修复”主界面

2）单击“快速扫描”按钮，进行木马查杀，如图 8-3 所示。在扫描过程中，所有关键位置中的可疑文件均在 360 安全中心进行在线分析，能够发现更多的未知木马，有效排除潜在威胁。

图 8-3　扫描木马病毒

3）经过一段时间的扫描，软件将疑似木马的危险项罗列出来，等待用户确认。如果用户十分信任该项，则单击“添加信任”文字链接；如果用户不信任该项，单击“立即处理”按钮即可。

2．修复系统漏洞

系统漏洞的影响范围非常大，黑客通常会利用这些漏洞，以植入木马病毒的方式来攻击整个电脑系统，从而盗取用户的个人信息。对于用户来说，及时修复系统漏洞能够有效抵御外来木马的入侵。具体操作步骤如下。

1）启动 360 安全卫士，单击“查杀修复”图标按钮，进入“查杀修复”界面。

2）单击界面右下角的“常规修复”或“漏洞修复”按钮，软件开始对系统进行分析检测。若存在漏洞或需要修复的项目，软件会将这些漏洞罗列在下方窗格中，如图 8-4 所示。

3）勾选需要修复的漏洞，单击“立即修复”按钮，经过一段时间的补丁下载和安装即可完成系统漏洞的修复。

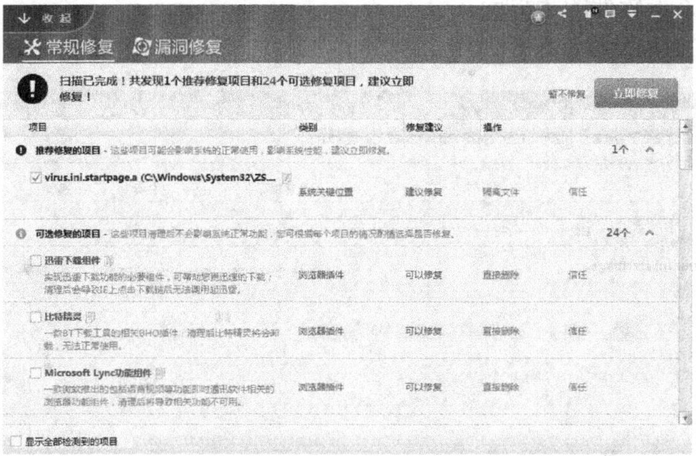

图 8-4　修复漏洞

3．防黑加固

“防黑加固”功能主要作用是加固系统，防止被黑客攻击。具体的操作如下。

1）在系统右下角的任务栏中，左键单击 360 杀毒的图标“ ”，或者右键单击该图标后，在弹出的菜单中选择“打开 360 杀毒主界面”命令，打开软件的主界面。

2）在主界面上，单击“功能大全”图标按钮，进入子界面。

3）单击“防黑加固”图标按钮，在弹出的对话框中单击“立即检测”按钮，经过很短时间的检测，软件将需要加固的项目罗列在对话框中，如图 8-5 所示，用户根据提示即可完成操作。

图 8-5　防黑加固

4．恢复隔离文件

在扫描、检测过程中，会出现软件将个别文件当作威胁对象进行隔离的情况，但事实上这些文件又是特定环境下用户正常使用的文件，此时就需要对这些文件进行恢复处理。具体操作如下。

1）打开 360 杀毒软件的主界面。

2）在左下角区域单击“查看隔离文件”文字链接，此时弹出如图 8-6 所示的对话框。

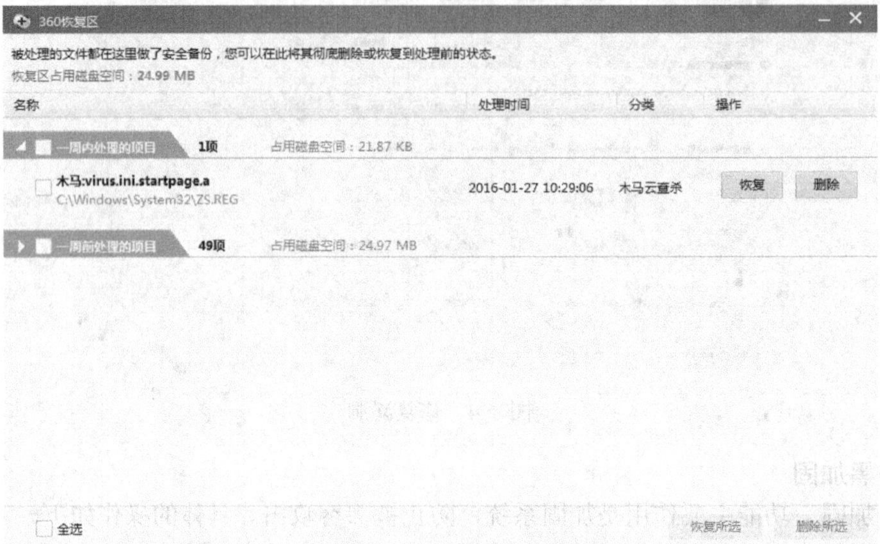

图 8-6 “360 恢复区”对话框

3）在该恢复区中，软件将之前扫描检测出的威胁对象进行罗列。用户可以在确定某文件确实并非病毒的情况下，勾选其对应的复选框并单击“恢复”按钮。随后，软件将该文件恢复到之前的路径。

8.4 腾讯电脑管家

腾讯电脑管家拥有安全云库、系统加速、一键清理、实时防护、网速保护和电脑诊所等功能，依托强大的腾讯安全云库、自主研发反病毒引擎“鹰眼”及 QQ 账号全景防卫系统，能有效查杀各类计算机病毒。

8.4.1 安装和启动

首先，从软件官方网站（http://guanjia.qq.com/）下载电脑管家软件，双击下载完成的安装包，跟随软件提示完成安装过程。

正确安装软件后，电脑管家会跟随电脑系统一起启动。在系统右下角的任务栏中，左键单击电脑管家的图标“”，或者右键单击该图标后，在弹出的菜单中选择“打开管家”命令即可打开电脑管家小界面，如图 8-7 所示。

电脑管家使用大小两套界面，单击小界面右上角图标按钮，即可切换回大界面模式，如

图 8-8 所示。

图 8-7　电脑管家小界面

图 8-8　电脑管家大界面

8.4.2　使用电脑管家保护电脑

1．全面体检

1）启动电脑管家后，单击“全面体检”按钮开始体检。

2）在扫描完成后，直接单击“一键修复”按钮即可，如图 8-9 所示。

3）此外，还可以单击“详情”按钮切换到大界面查看具体的风险，从而更加直观地看到扫描过程、风险项和需要修复的细项，如图 8-10 所示。

图 8-9　一键修复

图 8-10　查看体检详情

2．查杀病毒

电脑管家提供了三种扫描方式，分别是“闪电杀毒”“全盘杀毒”和“指定位置杀毒”，如图 8-11 所示。用户只需要单击“闪电杀毒”旁边的下拉箭头，即可自由选择杀毒类型。

在上述三种扫描方式中，“闪电杀毒”的速度最快，只需 1～2min，电脑管家就能将系统中最容易受木马侵袭的关键位置扫描一遍。

如果用户想彻底的检查系统，则可以选择扫描最彻底的“全盘杀毒”，电脑管家将对系统中的每一个文件进行一遍彻底检查。花费的时间由硬盘的大小以及文件的多少决定，硬盘越大、文件越多扫描的时间就越长。

此外，用户还可以通过自定义扫描设定需要扫描的位置，只需要在弹出的对话框中勾选需要扫描的位置，如图 8-12 所示，然后再单击“开始杀毒”按钮，电脑管家就会对指定位置进行扫描。

图 8-11　查杀病毒

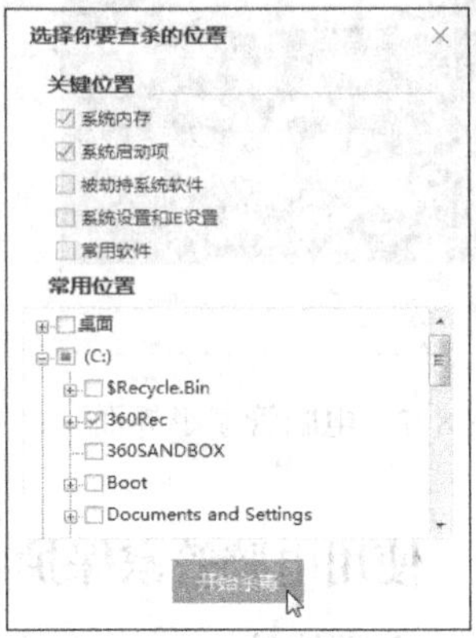

图 8-12　指定杀毒位置

3．清理垃圾

启动电脑管家，进入“清理垃圾”界面，单击“立即体验”按钮，经过一段时间的扫描，软件会将垃圾分类整理，如图 8-13 所示。此时，用户只需单击“立即清理”按钮，软件就会自动清理扫描出的垃圾。

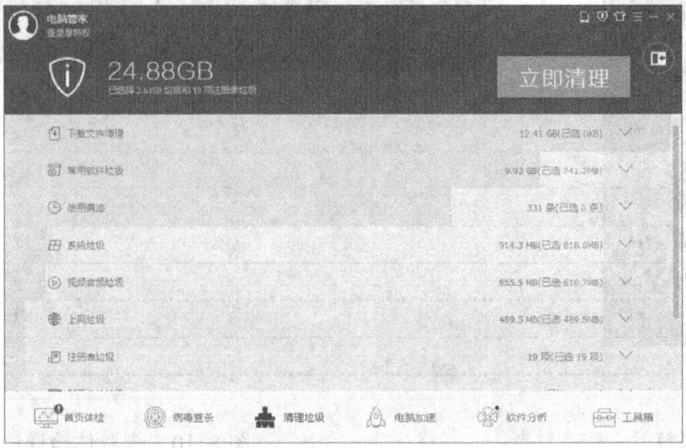

图 8-13　清理垃圾

4．深度清理

当清理内容包含用户使用电脑过程中产生的信息（例如在线缓存、游戏补丁和聊天软件产生的图片等）时，软件会在征求用户的确认后进行清理，称为“深度清理”。

在基础清理完成后，软件会将待深度清理的内容罗列在窗格中，用户只需勾选认为无用的文件，然后单击“深度清理”按钮，即可完成深度清理的过程，如图 8-14 所示。

图 8-14　深度清理

5．文件清理

在电脑使用过程中会产生越来越多的文件，包括下载工具下载的文件、聊天软件接收的文件、使用音视频软件下载的音视频文件等，日积月累，这些文件会不断占据用户的磁盘空间，造成系统越来越臃肿，而且随着时间的推移，大部分的文件已经没有用，且会散落在电脑磁盘的各个地方，手动清理不太容易。“文件清理”功能可以扫描电脑中的文件，同时根据文件的一些特征进行标识，以帮助用户判断是否需要将其清理。具体操作如下。

1）打开电脑管家主界面，单击“清理垃圾”图标按钮，进入“垃圾清理”界面。

2）单击界面右下角的“文件清理”图标按钮，即可打开“文件清理”功能，经过一段时间的扫描，软件将需要清理的文件罗列在窗格中。

3）根据需要，勾选某些选项，单击“立即清理”按钮，即可完成文件清理操作，如图 8-15 所示。

图 8-15　文件清理

8.5　实训习题

1．描述病毒的特征。
2．安装 360 安全卫士，扫描本地硬盘，对病毒、木马进行查杀。
3．使用 360 安全卫士，防黑加固本地计算机。
4．安装腾讯电脑管家，对本地硬盘进行全面体检。
5．使用腾讯电脑管家，对计算机进行深度清理。

实训 9　微机的日常维护

微机的日常维护是保证微机正常运行，延长使用寿命，防止重要数据丢失和损坏的一项不可忽视的经常性工作。

9.1　实训任务

本实训内容包括微机硬件和软件的日常维护方法。

9.2　微机硬件的日常维护

微机除了要正确使用之外，日常的维护保养也是十分重要的。大量的故障都是由于缺乏日常维护或者维护方法不当造成的。一般每半年进行一次硬件维护，如果灰尘比较严重，则维护时间间隔应该更短一些。

1．硬件维护工具

微机的维护不需要很复杂的工具，一般的除尘维护只需要用十字口螺钉旋具、平口螺钉旋具、油漆刷（或者油画笔。普通毛笔容易脱毛，不宜使用）、吹灰球、棉签、橡皮、回形针。

2．维护注意事项

1）有些原装机或品牌机在保修期内不允许用户自己打开机箱，如擅自打开机箱可能会失去一些由厂商提供的保修权利，用户应该特别注意。

2）必须完全切断电源，把主机、显示器与电源插线板之间的连线拔掉。

3）各部件要轻拿轻放，尤其是硬盘和光驱。

4）拆卸时注意各插接线的方向，如硬盘线、电源线等，以便正确还原。

5）还原用螺钉固定的各部件时，应首先对准位置，然后再拧紧螺钉。尤其是主板，略有位置偏差就可能导致插卡接触不良。主板安装不平还可能使内存条、适配卡接触不良甚至造成短路，天长日久可能会发生变形，导致故障。

6）微机板卡上的集成电路器件多采用 MOS 技术制造，易受静电影响。因此在打开机箱之前，应释放身上的静电；拿起主板和插卡时，应尽量拿卡的边缘，不要用手接触板卡上的集成电路。

3．微机主机的拆卸步骤

对于日常维护，只需打开机箱清除灰尘，一般不用卸下板卡和主板；如果灰尘特别多，则可以把所有板卡、主板卸掉，拿到机箱外面清扫，最后再装回机箱中，这个步骤与组装微机相同。

（1）拔下外设连线

拆卸主机的第一步是拔下机箱后侧的所有外设连线，彻底切断电源。

拔掉外设与微机的连线主要有两种情形：有些插头直接向外平拉就可以，如键盘线、PS/2 鼠标线、电源线、USB 电缆等；还有一些插头需先拧松插头两边的螺钉固定把手，再向外平拉，如显示器信号电缆插头、打印机信号电缆插头，有些的早期信号电缆没有螺钉固定把手，需用螺钉旋具拧下插头两边的螺钉。

（2）打开机箱盖

拔下所有外设连线后就可以打开机箱。机箱盖的固定螺钉有的在机箱后侧边缘上，有的在两侧，有的要先把机箱前面板取下。找到固定螺钉后，用十字口螺钉旋具拧下螺钉就可取下机箱盖。

（3）拆下适配卡

显示卡、声卡、网卡等插在主板的扩展槽中，并用螺钉固定在机箱后侧的条形窗口上。拆卸适配卡时，先用螺钉旋具拧下条形窗口上固定用的螺钉，然后用双手捏紧卡的上边缘，平直向上拔出。

（4）拔下驱动器数据线

硬盘、光驱的数据线一头插在驱动器上，另一头插在主板的接口插座上，应捏紧数据线插头的两端，平稳地沿水平方向拔出。

（5）拔下驱动器电源插头

硬盘、光驱电源插头为大 4 针插头，可直接沿水平方向向外拔出。安装还原时应注意方向，反向一般无法插入，若强行反向插入，接通电源后会损坏驱动器。

（6）拆下驱动器

硬盘、光驱都固定在机箱面板内的驱动器支架上，拆卸时应先拧下驱动器支架两侧固定用的螺钉（有些固定螺钉在面板上），方可取出驱动器（光驱向机箱外抽出）。拧下硬盘最后一颗螺钉时，应用手握住硬盘，小心不要摔落硬盘。有些机箱中的驱动器不用螺钉固定而采用弹簧片卡紧，这时只要松开弹簧片，即可从滑轨中抽出驱动器。

（7）拔下主板电源插头

电源插头插在主板电源插座上，ATX 电源插头是双排 20 针、24 针插头，插头上有一个小塑料卡，捏住它就可以拔下 ATX 电源插头。

（8）其他插头

需要拔下的插头可能还有 CPU 风扇电源插头、光驱与声卡之间的音频线插头、主板与机箱面板插头等，拔下这些插头时应做好记录，如插接线的颜色、插座的位置、插座插针的排列等，以方便将来还原。

4. 对微机产品进行清洁时的建议

有些微机故障，往往是由于机器内灰尘较多引起的。在维修过程中，如果发现故障机内、外部有较多的灰尘，应该先除尘，再维修。在除尘操作中，要特别注意以下几个方面。

1）注意风扇的清洁。包括电源、CPU、显卡等部位的风扇和散热片。可用毛刷和湿布清洁，对于风扇，在除尘后，最好在风扇轴承处滴一点儿润滑油。

2）注意板卡“金手指”、接插头、座、槽部分的清洁。对于“金手指”的清洁，可用橡皮擦拭“金手指”部分。要去除插头、座、槽的金属引脚上的氧化物，可用酒精擦拭，或用金属片（如小一字口螺钉旋具）在金属引脚上轻轻刮擦。

3）注意大规模集成电路、元器件等引脚处的清洁。清洁时，应用小毛刷或吸尘器等除掉灰尘，同时要观察引脚有无虚焊和潮湿的现象，元器件是否有变形、变色或漏液现象。

4）注意使用的清洁工具。用于清洁的工具包括：油漆刷、吹灰球（皮老虎）、吸尘器、抹布等。清洁用的工具，要防静电，如清洁用的小毛刷，应使用天然材料制成的毛刷，禁用塑料毛刷。如果使用金属工具，必须切断电源，并对金属工具进行放静电处理。

5）如果微机部件比较潮湿，应先使其干燥后再继续。干燥工具有电风扇、电吹风等，也可让其自然风干。

5．清洁机箱内表面的积尘

机箱内表面会出现大面积的积尘，特别是面板进风口的附近和电源盒（排风口）的附近，CPU 风扇附近以及板卡的插接处。

对于机箱内表面、面板进风口附近机箱上的积尘，可用拧干的湿布擦拭。对于印制电路板，则不要用湿布擦拭。

6．清洁插槽、插头、插座

需要清洁的插槽包括各种总线（PCI、AGP、PCI-E）扩展插槽、内存条插槽、各种驱动器接口插头插座等。各种插槽内的灰尘一般先用油漆刷清扫，然后再用吹气球或者电吹风机吹尽。

7．清洁 CPU 风扇

对于较新的 CPU 风扇一般不必取下，用油漆刷扫一遍就可以。较旧的 CPU 风扇上积尘较多，一般需取下清扫。需注意的是，散热片的缝中有很多灰尘。下面 Socket 架构的 CPU 为例，介绍 CPU 风扇的除尘方法。

散装 CPU 风扇是卡在 CPU 插座两侧的卡扣上的，将风扇卡扣略向下压即可取下 CPU 风扇。取下 CPU 风扇后，即可为风扇除尘。

原装 CPU 风扇与 CPU 连为一体，需将插座旁边的把手轻轻向外侧拨出一点，使把手与把手定位卡脱离，再向上推到垂直 90° 位置，然后向上取下 CPU。清洁 CPU 风扇时，注意不要弄脏 CPU 和散热片的结合面之间的导热硅脂。

如果 CPU 风扇转动困难，工作时会发出较大的噪声，可揭下风扇叶片另一面中心位置的商标，露出轴承，会发现机油已经干掉，可用牙签沾上少许润滑油（机油），向轴承中滴入 1～2 滴（注意不要把机油滴到贴商标的地方，否则商标的不干胶将粘不上），转动几下风扇叶片，发现风扇已经可以很轻松地转动，然后重新把商标贴回原来位置。如果商标的黏度不够，无法粘紧，则可用较厚的塑料胶带代替。

用同样方法可清洁显卡风扇、主板芯片组风扇、电源风扇、机箱风扇。

8．清洁内存条和适配卡

内存条和各种适配卡的清洁，包括除尘和清洁电路板上的“金手指”。除尘用油漆刷即可。如果“金手指”上有灰尘、油污或者被氧化均会造成接触不良。高级电路板的“金手指”是镀金的，不容易氧化。为了降低成本，一般适配卡和内存条的“金手指”没有镀金，只是一层铜箔，时间长了将发生氧化，此时可用橡皮擦擦除“金手指”表面的灰尘、油污或氧化层，切不可用砂纸类的东西来擦“金手指”，那样会损伤极薄的镀层。

9．清洁主板

先用油漆刷扫除主板上的灰尘，然后用吹气球或者皮老虎细心地吹出。如果有吸尘器，可将被吹气球吹起来的灰尘和机箱内壁上的灰尘吸走；如果没有吸尘器，可用干布擦去灰尘。

10．清洁主机电源

首先，切断电源，将主机与外设之间的连线拔掉，用十字口螺钉旋具打开机箱，将电源盒拆下。

然后，将电源盒拆开，因为机箱内的排风主要靠电源风扇，所以电源盒里积落的灰尘最多，一边用油漆刷清扫，一边用吹气球吹干净。最后重新装上电源盒，并装到机箱中。

卸下电源盒上的风扇，按清洁 CPU 风扇的方法清洁电源风扇。如果电源风扇转动困难，也要加入 1～2 滴机油。

11．清洁光驱

将回形针展开，插入光驱前面板上的应急弹出孔，稍稍用力，光驱托盘就打开了。用棉签将所及之处轻轻擦拭干净，注意不要探到光驱里面去。

需要注意的是，市场上销售的清洗光盘的盘面上有两排小刷子，光盘高速旋转时，光盘的刷子不仅会划伤激光头，而且有可能撞歪激光头，使之无法读盘。光驱的激光头所用材料是类似有机玻璃的物质，而且有的还有增强折射功能的涂层，若用有机溶剂擦洗，会溶解这些物质和涂层，导致激光头受到无法修复的损坏。

12．清洁显示器

对于 CRT 显示器和 LCD，都可按照下面的方法清洁屏幕上的尘土和指印。先用拧干的湿布擦去显示器除显示屏以外的外壳上的灰尘。然后清洁显示屏，把眼镜布用自来水清洗干净，拧干（不能滴水），按一个方向轻轻擦去屏幕上的灰尘，并不断更换眼镜布的位置，只用没有擦过屏幕的部分擦，并多次清洗眼镜布，直到把屏幕上的灰尘和指印擦掉。这时，屏幕上会有水印，等几分钟屏幕晾干后，再用另外一块干眼镜布轻轻擦去水印即可。

不要用普通的纸巾擦屏幕，因为普通纸巾上有许多坚硬的滑石粉和粗纤维，会划伤屏幕。不要为显示器贴屏幕保护膜，保护膜将使显示器的亮度降低，字迹、图像模糊。需要注意的是，屏幕绝对不能用酒精等有机溶剂擦洗，也不要用市场上销售的专用屏幕清洗剂擦洗，无论是 CRT 还是 LCD，显示器屏幕表面都涂有特殊的涂层，而有机溶剂会溶解特殊涂层，使之效能降低或消失。

13．清洁鼠标

对于光电鼠标，如果要清洗外壳，只需用湿布擦干净，如果无法擦干净，可用少量餐具清洗液清除干净。如果要清扫鼠标内部，则要打开鼠标外壳清扫。

14．清洁键盘

把键盘的键面向下，拍打拍打，把各键之间缝隙中的灰尘拍出来。对于键面上的污渍，可用柔软干净的湿布来擦拭，如果无法擦干净，可用少量餐具清洗液清除。按键缝隙间的污渍可用棉签蘸清水清洁。湿布不宜过湿，以免键盘内部进水产生短路。不要用医用消毒酒精，以免对塑料部件产生不良影响；更不要用电脑市场销售的清洗剂（油），它会使塑料老化变黄。最好不要拆开键盘，因为按键很容易脱落，安装起来很麻烦。

9.3 微机软件的日常维护

微机用户都有这样的体会，一台微机在经过格式化，刚安装上操作系统时，运行速度比使用一段时间后要快。造成系统变慢的原因主要有：随着安装软件的增加，注册表变大，系统运行需要执行的程序增加；随着删除和安装软件次数的增加，硬盘碎片增加；上网时安装的插件和恶意、流氓软件等，都有可能增加系统开销，造成系统性能下降。在日常运行时，一定时间（如一个月）应该对软件系统进行维护，就可使软件系统保持较佳的运行状态。其实维护周期不一定按月来做，如果在一个时期常有软件的安装和卸载，也应该进行这类维护。微机软件的日常维护主要包括系统维护、垃圾文件的清理、磁盘空间清理和碎片整理等。

1．操作系统安全方面的维护

操作系统安全方面的维护内容包括修复系统漏洞、查杀流行木马、清理恶评插件、升级查杀病毒库等。这类维护软件比较多，之前也向读者介绍过“360 安全卫士”在安全防护方面的使用方法，这里不再赘述。

需要特别说明的是，建议用户关闭 Windows 的自动更新，用“360 安全卫士”来代替该功能。因为“360 安全卫士”来只下载需要的更新，对无用的更新，则不提示和安装。

关闭 Windows 的自动更新的方法为：右键单击桌面上的“计算机”图标，弹出快捷菜单，单击快捷菜单中的“属性”命令，然后在弹出的“属性”对话框中，单击左下角的“Windows Update”文字链接，即可进行设置，如图 9-1 所示。

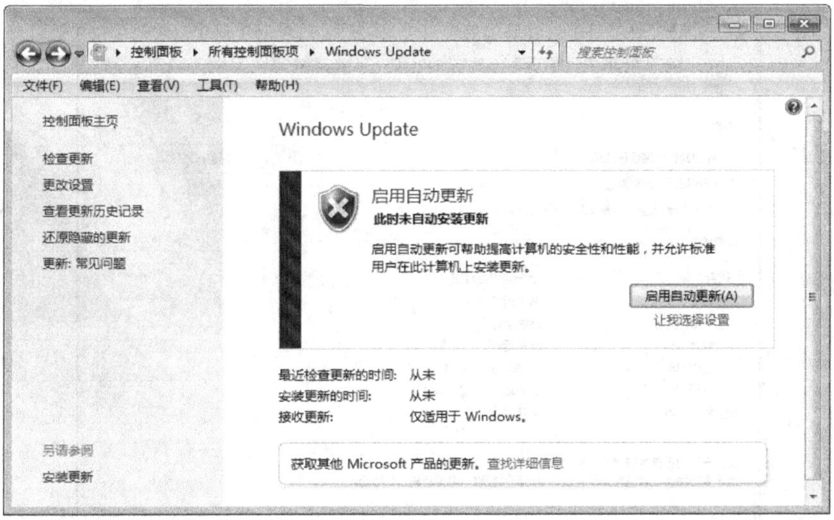

图 9-1　关闭 Windows 的自动更新功能

2．操作系统性能方面的维护

操作系统性能方面的维护内容包括：磁盘清理和磁盘碎片整理。磁盘清理和磁盘碎片整理程序可以采用 Windows“附件”→“系统工具”中的程序，也可以采用 Windows 优化大师之类的工具软件。

（1）磁盘碎片整理

磁盘碎片应该称为文件碎片，其产生是因为文件被分散保存到整个磁盘的不同地方，而不是连续地保存在磁盘连续的簇中所形成的。当应用程序所需的物理内存不足时，一般操作系统会在磁盘中产生临时交换文件，用该文件所占用的磁盘空间虚拟成内存。虚拟内存管理程序会对磁盘频繁读写，也会产生大量的碎片。其他如使用 IE 浏览器浏览信息时生成的临时文件或临时文件目录的设置也会形成大量的碎片。文件碎片一般不会对系统造成损坏，但是碎片过多的话，系统在读文件时来回进行寻找，就会引起系统性能的下降，从而导致存储文件丢失，严重的还会缩短磁盘的寿命。因此，对于磁盘碎片也是不容忽视的，用户需要定期对磁盘碎片进行整理，以保证系统正常、稳定地运行。

磁盘碎片整理后，可能会造成有些程序无法使用（如输入法）、系统不响应等，问题比较轻的可以把该程序重新安装一遍，问题比较重的就要重新安装系统了，所以要慎用磁盘碎片整理程序。

适当使用磁盘碎片的整理对硬盘是有好处的，但不易整理过频，因为整理碎片时要进行大量长时间的读写操作，会使硬盘负荷过大。一般情况下，非系统分区不用整理，操作系统和交换文件所在分区也不用经常整理，1～2 个月或发现系统严重变慢时整理一次，可以先分析一下碎片情况再决定是不是进行整理。

具体操作为：执行 Windows“附件”→“系统工具”→“磁盘碎片整理程序”选项，即可打开 Windows 自带的整理程序，如图 9-2 所示。根据系统的提示，选择某个待整理的磁盘，先分析磁盘是否存在碎片，然后再进行整理，由于分析和整理耗费时间太多，这里不再赘述。

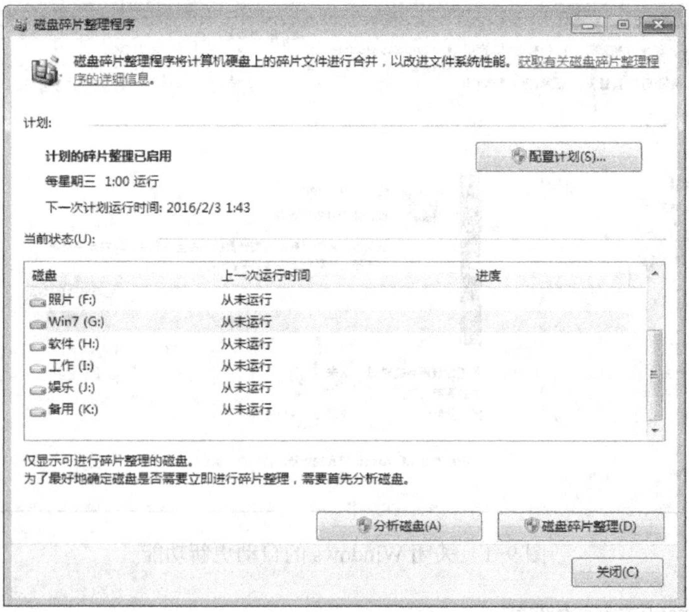

图 9-2 “磁盘碎片整理程序”对话框

（2）磁盘清理

用磁盘清理程序来解决磁盘空间问题是极为简单的，所以即使在磁盘有较大剩余空间时，用户也应经常运行磁盘清理程序来删除那些无用文件，这样可以保持系统的简洁，从而大大提高系统性能。

具体操作为：执行 Windows“附件”→“系统工具”→“磁盘碎片整理程序”选项，弹出如图 9-3 所示的对话框。选择某个需要清理的驱动器后，单击“确认”按钮，经过一段时间的扫描，弹出如图 9-4 所示的对话框，勾选需要清理的选项对应的复选框，最后单击“确认”按钮即可清理完成。

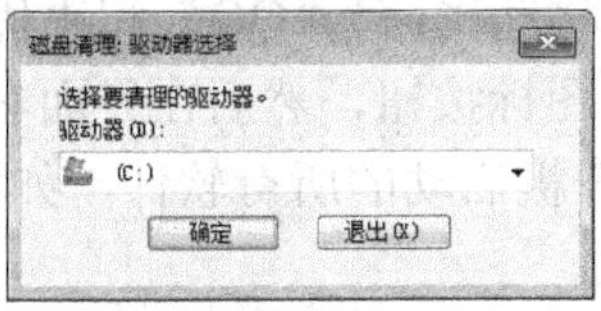

图 9-3 “磁盘清理驱动器选项”对话框

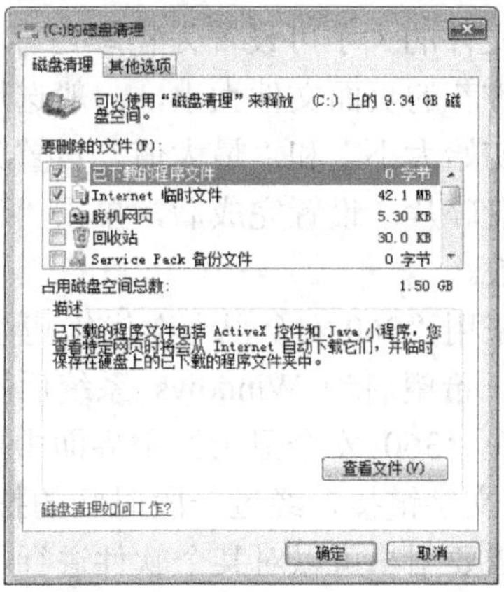

图 9-4 “磁盘清理”对话框

3. 系统优化

系统优化包括：虚拟内存的优化、启动系统运行软件的优化、网络速度的优化等内容。

（1）优化虚拟内存

在 Windows 中，虚拟内存是作为内存使用的一部分硬盘空间，文件名是“pagefile.sys”。虚拟内存有时候也称为“页面文件”，就是从这个文件名来的。即便物理内存很大，虚拟内存也是必不可少的。

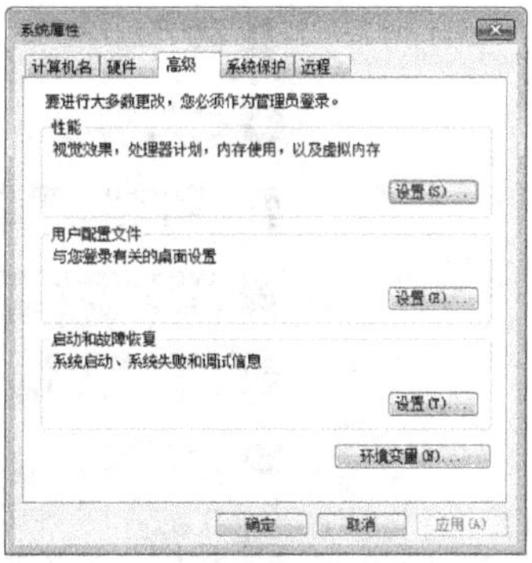

图 9-5 “系统属性”对话框的“高级”选项卡

在玩大型游戏或打开的程序较多时，会出现虚拟内存不够的提示，这时应该增加虚拟内存。更改虚拟内存的方法为：右键单击桌面上的“计算机”图标，弹出快捷菜单，单击快捷菜单中的“属性”命令，在弹出的“系统属性”对话框中，单击左侧“高级系统设置”文字链接，弹出如图 9-5 所示的选项卡。

单击“性能”选项中的“设置”按钮，显示“性能选项”对话框，单击“高级”选项卡，如图 9-6 所示。然后单击“虚拟内存”中的“更改”按钮，显示“虚拟内存”对话框，如图 9-7 所示。

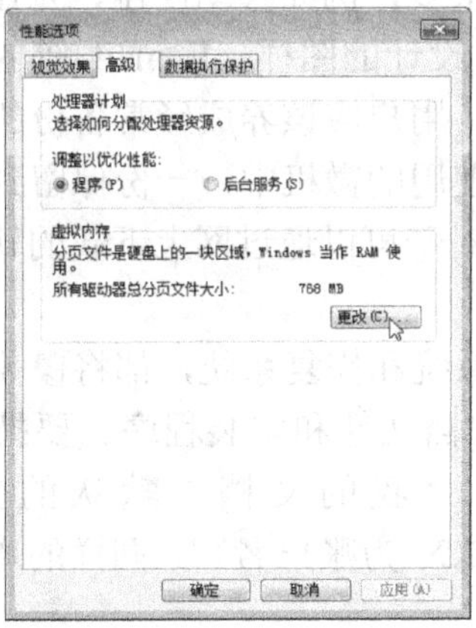

图 9-6 “性能选项”对话框的“高级”选项卡

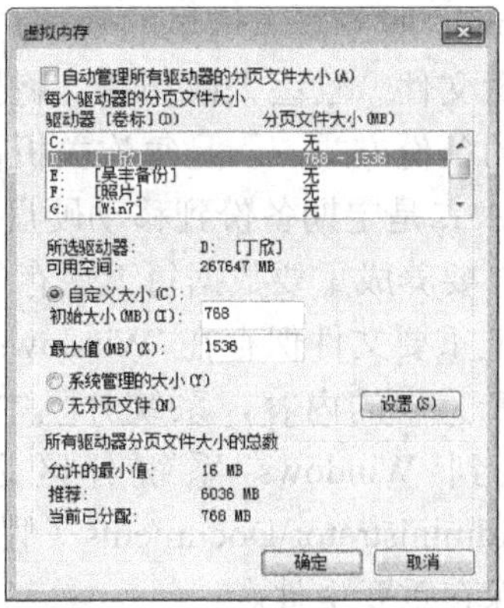

图 9-7 “虚拟内存”对话框

页面文件的大小可设置为物理内存大小的 1.5～2 倍。从“虚拟内存”对话框下部的提示可看到推荐的页面文件大小，一般选用推荐的大小。如果物理内存较大，可以考虑将页面文件的“初始大小”和“最大值”设置为相等，这样硬盘中就不会因为页面文件大小的改变而产生磁盘碎片。设置完成后，单击“设置”按钮，再单击“确定”按钮，重新启动计算机后更改生效。

（2）采用“360 安全卫士”优化其他选项

例如，希望启动 Windows 系统后不自动运行诸如“移动飞信”“QQ”和“优酷”等软件，则需在“360 安全卫士”主界面中单击“优化加速”图标按钮，然后在界面右下角单击“启动项”文字链接，经过一段时间的扫描，软件将罗列开机启动的所有软件，如图 9-8 所示，根据需要用户可以对某个软件进行“禁止启动”操作。

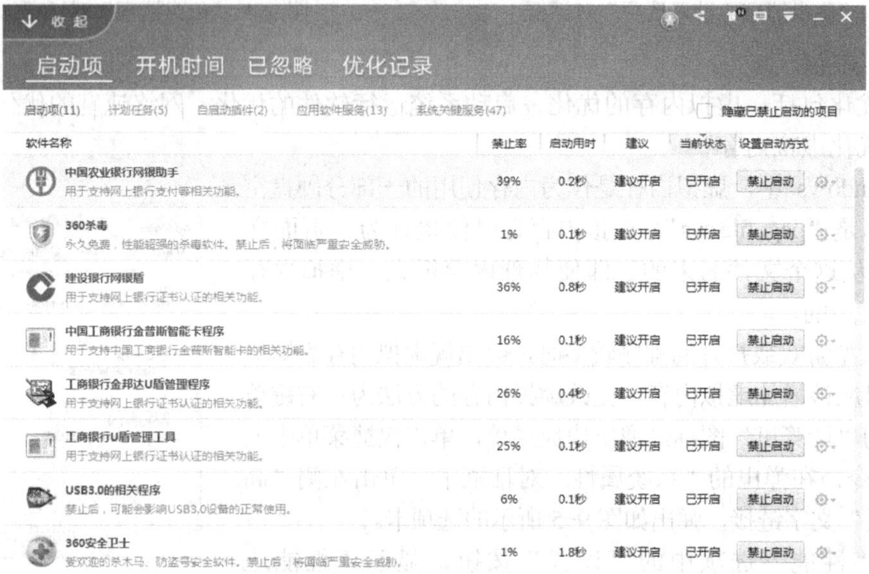

图 9-8　开机启动项设置

4．数据的备份

重要文档一定要定时进行异地备份，备份的介质有很多，例如移动硬盘、光盘或者网络硬盘、E-mail 服务器。这里的数据是指自己写的文章、设计的图样、E-mail 等内容，用户自己的磁盘文件一旦丢失或损坏，将无法再得到。所以，用户应该养成经常备份的习惯，有两种常用的备份方式，一是每次关机前一份保存到当前使用的微机中，一份保留到移动硬盘或 U 盘中；二是定期备份到移动硬盘或刻录到光盘中。对于可以通过网上下载的软件，则不需要备份。要养成重要数据每天保存的习惯。

不要把重要文件保存在 Windows 系统分区。重装系统和恢复系统，都将覆盖系统分区（一般是 C:）中的内容，系统分区中不要保存自己的文档文件和安装程序。要把“我的文档”更改到 Windows 系统分区之外的其他分区，“我的文档”默认的文件夹是“C:\User\Administrator\Documents（假定系统盘为 C:，XXX 为账户名）”。同样的道理，不要在桌面上保存重要文件。

如果文档的数量比较少，可以把硬盘上的文件夹和文档一起复制到移动硬盘上；如果比较多，可先用 WinRAR 压缩，把压缩后的压缩包复制到移动硬盘上，也可以用专用的数据同步工具软件来备份。

9.4 实训习题

1. 对微机硬件进行日常的维护。

2. 安装“360 安全卫士”系统维护工具软件，执行其中的功能。

3. 什么是虚拟内存？设置虚拟内存的原则是什么？

4. 删除或增加快捷菜单中的项目。

5. CPU 风扇、主板风扇、显卡风扇和电源风扇，用 2～3 年后，噪声就会增大，一般是风扇轴承中的润滑油变干造成的，为风扇添加润滑油后将恢复正常。请练习为风扇加润滑油。

实训10　微机常见故障的判断及排除

本实训是按微机从开机到进入操作系统过程中遇到的故障进行分类的，通过列出的故障现象为读者提供判断故障的方法和思路，并提供基本的排除方法。

10.1　实训任务

本实训内容包括微机常见故障的判断思路和排除方法，具体有加电类故障、启动类故障、显示类故障、硬盘类故障、光驱类故障、安装类故障、操作与应用类故障、局域网类故障、端口与外设类故障、兼容或配合类故障。

10.2　加电类故障

加电类故障是指从加电（或复位）到自检完成这一段过程中微机所发生的故障。

1．故障现象

1）主机不能加电（如电源风扇不转或转一下即停等）或有时不能加电，开机掉闸，机箱金属部分带电等。

2）开机后显示器无显示，开机时主机发出报警声音（自检报错），死机。

3）反复重启。

2．故障可能涉及的部件

市电；开关及开关线、复位按钮及复位线本身的故障；电源、主板、CPU、内存、显卡、其他板卡。

3．故障判断的顺序

（1）检查微机设备的外观和环境

1）周边及微机设备内外是否有变形、变色、异味等现象。

2）环境的温、湿度情况。

3）注意部件、元器件及其他设备是否有变形、变色、异味、温度异常等现象发生。

（2）检查市电的情况

1）用万用表检查市电电压是否在 220V±10%范围内，是否稳定（即是否有经常停电、瞬间停电等现象）。

2）供电线路上是否接有漏电保护器，是否有地线等。

3）主机电源线一端是否牢靠地插在市电插座中，不应有过松或插不到位的现象，另一端是否可靠地接在主机电源上，不应有过松或插不到位的情况。

（3）检查微机内部的连接

1）电源开关可否正常通断，无接触不良现象。

2）接到外部的信号线是否有断路、短路等现象。

3）电源是否已正确地连接在各主要部件，特别是主板的相应插座中。

（4）检查部件的安装

1）检查机箱内是否有异物造成短路。

2）零部件安装上是否造成短路（如 CPU 风扇安装错位造成的短路等）。

3）通过重新插拔部件（包括 CPU、内存、显卡、硬盘信号线），检查故障是否消失。重新插拔前，应该先做除尘和清洁“金手指“工作，包括插槽。如果可通过重新插拔来解决，应检查部件安装时，是否过松、后挡板尺寸是否不合适、插座是否太紧，以致插不到位或被挤出。

4）检查内存的安装。要求内存条的安装总是从第一个插槽开始顺序安装。如果不是这样，应重新插好。

（5）检查加电后的现象

1）按下电源开关或复位按钮时，观察各指示灯是否正常闪亮。

2）风扇（电源和 CPU 的风扇等）的工作情况，不应有不动作或只动作一下即停止的现象。

3）倾听风扇、硬盘驱动器等的电动机是否有正常的运转声音或声音是否过大。

4）对于开机噪声大的问题，应分辨清噪声大的部位，一般情况下，噪声大的部件有风扇、硬盘、光驱等机械部件。对于风扇，应通过除尘来检查，如果噪声仍未减小，可在风扇轴处滴一些润滑油，以加强润滑。

5）主机能加电，但无显示，应倾听主机能否正常自检（即有自检完成的鸣叫声，且硬盘灯能不断闪烁）。如果有自检报警声，可根据报警声判断故障原因。应先检查显示系统是否有故障，否则检查主机问题。

4．故障判断的要点

（1）检查主机电源

1）对于电源一加电，只动作一下即停止工作的情况（例如，电源风扇转动一下就停转），应首先判断电源是否空载或将电源接在其他计算机上是否能正常工作。

2）如果微机的供电不是直接从市电来，而是通过稳压设备获得，需要注意用户所用的稳压设备是否完好。

（2）根据 BIOS 报警声判断故障

如果微机开机电源正常，显示器没有显示（黑屏），且发出报警提示声，可根据 BIOS 报警声检查故障原因。如表 10-1、表 10-2、表 10-3 分别列出了常见 BIOS 类型的错误声音报警。

表 10-1　Phoenix-Award BIOS 报警声表示的错误

BIOS 生产厂家	扬声器鸣叫次数	发生错误
Phoenix-Award BIOS	1 短	系统正常启动
	3 短	系统加电自检初始化失败
	1 短 1 短 2 短	主板错误
	1 短 1 短 3 短	主板电池没电或 CMOS 损坏
	1 短 1 短 4 短	ROM BIOS 校验出错
	1 短 3 短 1 短	内存通道错误

（续）

BIOS 生产厂家	扬声器鸣叫次数	发生错误
Phoenix-Award BIOS	3 短 2 短 4 短	键盘时钟故障
	3 短 3 短 4 短	显示卡错误
	3 短 4 短 2 短	显示器信号线松动或显卡没有插好或显卡坏
	4 短 3 短 1 短	内存坏或 RAS 设置错误

表 10-2　Award BIOS 报警声表示的错误

BIOS 生产厂家	扬声器鸣叫次数	发生错误
Award BIOS	1 短	系统正常启动
	2 短	非致命错误，重新设置 BIOS 参数
	1 长 1 短	主板错误
	1 长 2 短	显示卡错误
	1 长 3 短	键盘控制器错误
	1 长 9 短	BIOS 坏
	不间断地长响	内存条损坏或未插好
	不停的响	显示器未与显卡连接好
	重复短响	电源问题
	无声无显示	电源问题

表 10-3　AMI BIOS 报警声表示的错误

BIOS 生产厂家	扬声器鸣叫次数	发生错误
AMI BIOS	1 短	内存刷新失败
	2 短	内存校验错误
	3 短	基本内存错误
	4 短	系统时钟错误
	5 短	CPU 错误
	6 短	键盘错误
	8 短	显示内存错误
	9 短	RAM BIOS 校验错误
	1 长 3 短	内存错误
	1 长 8 短	显示测试错误
	高频率常响	CPU 过热报警

5. 案例

（1）案例一

故障现象：开机无显示，机箱各个指示灯都不亮。

检查方法：把手放到机箱后部电源风扇处，开机没有风，风扇不转。把电源外接电缆拔出并重新插入，再次开机，风扇转动，微机正常启动。

（2）案例二

故障现象：开机无显示，机箱指示灯亮，自检发出“1 长 2 短”的报警声。

检查方法：机箱指示灯亮，说明电源正常。“1长2短”的报警声是Award BIOS显卡故障的报警声。打开机箱，把显卡拨出并重新插入，开机后正常。询问用户知道，之前曾经搬动机箱，造成显卡松动。

10.3 启动类故障

启动类故障是指与启动过程有关的故障。启动是指从自检完毕到进入操作系统应用界面这一过程中发生的问题。

1. 故障现象

1）自检后启动过程中死机、报错、黑屏、反复重启等。

2）自检过程中所显示的配置与实际不符等。

3）不能进入BIOS，BIOS参数丢失，时钟不准。

4）只能以安全模式或命令行模式启动。

5）启动过程中报某个文件错误。

6）启动过程中，总是执行一些不应该的操作（如执行一个不该运行的应用程序）。

7）登录时失败、报错或死机。

2. 故障可能涉及的部件

BIOS 设置、启动文件、操作系统、设备驱动程序、应用程序；电源、硬盘、主板、信号线、CPU、内存、其他板卡。

3. 故障判断的顺序

（1）微机周边及外观检查

1）主机硬盘指示灯是否正确闪亮，不应有不亮或常亮的现象。

2）观察微机内部是否有异味，元器件的温度是否偏高。

3）观察CPU风扇的转速是否不够或是否过慢或不稳定。

4）听硬盘、光驱工作时是否有异响。

（2）驱动器（硬盘、光驱等）连接检查

1）驱动器的电源连接是否正确、牢靠，电源连接插座是否有虚接的现象。

2）驱动器上的跳线设置是否与驱动器连接在电缆上的位置相符。

3）驱动器数据电缆是否接错或漏接，规格是否与驱动器的技术规格相符。

4）驱动器数据电缆是否有故障（如露出芯线、有死弯或硬痕等），除可通过观察来判断外，可更换一根数据电缆来检查。

5）如果主板上有多个驱动器数据接口、电源线插头，可更换其他接口、插头来检查。

（3）检查其他部件

1）重新插拔部件（包括CPU、内存），检查故障是否消失（重新插拔前，应先除尘和清洁“金手指”，包括插槽）。如果总是通过重新插拔来解决，应检查部件安装时，是否过松、后挡板尺寸是否不合适、插座是否太紧，以致插不到位或被挤出。

2）检查CPU风扇与CPU是否接触良好。最好重新安装一次。

（4）查看屏幕显示的内容

注意屏幕显示的报错内容及死机的位置，以确定故障可能发生的部位。

4．故障判断的要点

（1）检查 BIOS 设置参数

1）BIOS 中的设置是否与实际的配置不相符（如硬盘参数、内存类型、CPU 参数、显示类型、温度设置等）。可通过放电恢复到出厂状态，检查故障是否消失。

2）检查 BIOS 中的启动顺序。

（2）硬件方面的检查

1）是否添加了新硬件。这时应先去除添加的硬件，看故障是否消失，若是，检查添加的硬件是否有故障，或系统中的设置是否正确（通过对比新硬件的使用手册检查）。

2）是否刚更换了不同型号的硬件。

3）检查 BIOS 放电跳线或开关是否仍然在放电状态。

4）检查 USB 等接口是否插有 U 盘、移动硬盘，若有，应拔出后再启动。

5）对于不能进 BIOS 或不能刷新 BIOS 的情况，可先考虑主板的故障。

6）对于反复重启或关机的情况，除注意市电的环境（如插头是否插好等）外，还要注意电源或主板是否有故障。

（3）检查硬盘

1）根据启动过程中的屏幕错误提示，相应地检查硬盘上的分区是否正确、是否激活、是否格式化。

2）直接检查硬盘是否已分区和格式化。

3）更换一个无故障的硬盘，检查是否能正常启动。

4）在 BIOS 中更改启动顺序，看是否能从光驱启动。

5）若其他驱动器也不能启动，则需先将硬盘驱动器去除，看是否可启动，若仍不能，应对最小系统（最小系统是指从维修判断的角度，能使电脑开机的最基本的硬件和软件环境，硬件最小系统由电源、主板和 CPU 组成）中的部件进行逐一检查，包括硬盘驱动器和磁盘接口、电源、内存等。

（4）检查操作系统

1）对于在启动操作系统过程中出现的死机、不再继续引导、提示文件没有找到等问题，一般为软件问题，可重新启动，在启动时按〈F8〉键进入安全模式。如果能进入安全模式，一般为驱动程序和一般应用程序错误。如果用户刚安装了某程序，应该卸载。

2）如果不能进入安全模式，一般为操作系统问题，可重新恢复或安装操作系统，建议采用恢复方式安装操作系统。

3）如果是在正常启动操作系统后死机，应首先检查是否感染病毒、木马、流氓软件和恶意插件等。

4）如果是运行某程序死机，也应先检查是否感染病毒，再卸载该软件，然后重新安装看是否正常。如果仍然不正常，可安装该软件到相同配置的其他微机，以判断问题所在。

5．案例

（1）案例一

问题描述：微机自检正常，在启动 Windows 7 过程中死机。

解决方案：启动计算机时按下〈F8〉键，选择进入“安全模式”，此次能够正常启动，并且登录正常。在进行了一次正常登录后，重新启动到标准模式，启动正常，至此，故障排除。

（2）案例二

问题描述：开机时不能正常地登录系统，而是直接显示“Oxc000000e 故障提示”。

解决方案：由于安装或卸载某些比较特殊的软件，往往会对 Windows 7 的引导程序造成非常严重的破坏，这样 Windows 7 在启动时就会出现 Oxc000000e 错误，从而导致无法正常启动系统。在这种情况下，按下〈F8〉快捷键也无法进入 Windows 7 的“安全模式”，只有在安装操作系统的 Windows PE 环境下执行下述 DOS 命令才能解决问题。

```
cd windowssystem32
bcdedit /set {default} osdevice boot
bcdedit /set {default} device boot
bcdedit /set {default} detecthal 1
```

（3）案例三

问题描述：Windows 7 运行变慢，运行程序时硬盘指示灯要亮较长时间。

解决方案：首先怀疑是否感染病毒，运行杀毒软件，没有发现病毒。运行检查木马、流氓软件和插件的程序（如 360 安全卫士），没有发现问题。询问用户知道，是在安装了某软件后系统变慢的。卸载该软件，重新启动后正常。若在进行上述多方面的处理后，仍未解决硬盘指示灯会亮较长时间的问题，建议增加内存容量至 8GB。

10.4 显示类故障

显示类故障不仅包含由于显示设备（显示器、显卡）所引起的故障，还包含由于其他部件不良所引起的在显示方面不正常的现象。也就是说，显示方面的故障不一定就是显示设备引起的，应全面进行观察和判断。

1．故障现象

1）开机无显示、显示器有时或经常不能加电。

2）显示偏色、抖动或滚动、显示发虚、花屏等。

3）在某种应用或配置下花屏、发暗（甚至黑屏）、重影、死机等。

4）屏幕参数不能设置或修改。

5）亮度或对比度不可调或可调范围小、屏幕大小或位置不能调节或调节范围较小。

6）休眠唤醒后显示异常。

7）显示器异味或有声音。

2．故障可能涉及的部件

显示器、显卡及它们的设置；主板、内存、电源及其他相关部件。特别要注意计算机周边其他设备及地磁对计算机的干扰。

3．故障判断的顺序

（1）检查市电

1）市电电压是否在 220V±10%、50Hz 或 60Hz；市电是否稳定。

2）参考加电类故障中有关市电检查部分。

（2）检查连接

1）显示器与主机的连接牢靠、正确（需特别注意的是，当有两个显示端口时，是否连接到正确的显示端口上）；电缆接头的针脚是否有变形、折断等现象，应注意检查显示电缆的质量是否完好。

2）显示器是否正确连接上市电，其电源指示灯是否亮。

（3）周边及主机环境检查

1）检查环境温度、湿度是否与使用手册相符。

2）显示器加电后是否有异味、冒烟或异常声响（如爆裂声等）。

3）显卡上的元器件是否有变形、变色，或温升过快的现象。

4）显卡是否插好，可以重插、用橡皮或酒精擦拭显卡（包括其他板卡）的“金手指”部分；主机内的灰尘是否较多。

5）周围环境中是否有干扰物存在，这些干扰物包括日光灯、UPS、音箱、电吹风机、相靠过近（50cm 以内）的其他显示器，以及其他大功率电磁设备、线缆等。需要注意的是，显示器的摆放方向也可能由于地磁的影响而对显示设备产生干扰。

6）对于偏色、抖动等故障现象，可通过改变显示器的方向和位置来检查故障现象能否消失。

（4）其他检查及注意事项

1）主机加电后，是否有正常的自检与运行的动作（如有自检完成的鸣叫声、硬盘指示灯不停闪烁等），如有，则重点检查显示器或显卡。

2）禁止带电搬动显示器及显示器方向，在断电后的一段时间内（2～3min）也最好不要搬动显示器。

4．故障判断的要点

（1）调整显示器与显卡

1）通过调节显示器的自动配置按钮，使其恢复到 RECALL 状态（出厂状态）来检查故障是否消失。

2）显示器的参数是否调得过高或过低。

3）显示器各按钮可否调整，调整范围是否偏移显示器的规格要求。

4）显示器的异常声响或异常气味，是否超出了显示器技术规格的要求。

（2）BIOS 配置调整

1）应检查 BIOS 中的设置是否与当前使用的显卡类型或显示器连接的位置匹配，是用板载显卡还是外接显卡；显卡类型有 PCI、AGP、PCI-E。

2）对于不支持自动分配显示内存的板载显卡，需检查 BIOS 中显示内存的大小是否符合应用的需要。

注意，以下的检查应在最小系统下进行。

（3）检查显示器、显卡的驱动

1）显示器/显卡的驱动程序是否与显示设备匹配、版本是否恰当。

2）显示器的驱动是否正确，如果有厂家提供的驱动程序，最好使用厂家提供的驱动。

3）是否加载了合适的 DirectX 驱动（包括主板驱动）。

4）如果系统中装有 DirectX 驱动，可用其提供的“Dxdiag.exe”命令来检查显示系统是否有故障。该程序还可用来对声卡设备进行检查。

（4）显示属性、资源的检查

1）在设备管理器中检查是否有其他设备与显卡有资源冲突的情况，如有，先去除这些冲突的设备。

2）显示属性的设置是否恰当（如不正确的显示器类型、分辨率和颜色深度等，会引起重影、模糊、花屏等现象）。

（5）操作系统配置与应用检查

1）显卡的技术规格或显示驱动的功能是否支持应用的需要。

2）是否存在其他软、硬件冲突。

（6）硬件检查

1）当显示调整正常后，应逐个添加其他部件，用以检查是何部件引起显示不正常。

2）通过更换不同型号的显卡或显示器，检查它们之间是否存在匹配问题。

3）通过更换相应的硬件，检查是否是由于硬件故障引起的显示不正常（建议的更换顺序为：显卡、内存、主板）。

5．案例

问题描述：启动 Windows 7 正常，在进入 3D 游戏画面时死机。

解决方案：估计可能是显卡故障，从网上下载新版本的显卡驱动程序，安装好后再安装最新版的 DirectX，故障排除。此外，加大虚拟内存，并经常优化系统，及时清理系统垃圾文件，使系统保持活力。

10.5 硬盘类故障

硬盘类故障包括硬盘本身（硬盘控制线路、硬盘存储介质）、主板上的硬盘接口等部件引起的故障。

1．故障现象

1）硬盘有异常声响，噪音较大。

2）BIOS 中不能正确识别硬盘、硬盘指示灯常亮或不亮、硬盘干扰其他驱动器的工作等。

3）不能分区或格式化、硬盘容量不正确、硬盘有坏道、数据丢失等。

4）逻辑盘符丢失或被更改、访问硬盘时报错。

2．故障可能涉及的部件

硬盘及其设置，主板上的硬盘接口、电源、信号线。

3．故障判断的顺序

（1）检查硬盘连接

1）连接硬盘的数据线是否接错或接反。

2）硬盘连接线是否有破损或硬折痕。可通过更换连接线检查。

3）硬盘连接线类型是否与硬盘的技术规格要求相符。

4）硬盘电源是否已正确连接，不应有过松或插不到位的现象。

（2）硬盘外观检查

1）硬盘电路板上的元器件是否有变形、变色及断裂缺损等现象。

2）硬盘电源插座的接针是否有虚焊或脱焊现象。

3）加电后，硬盘自检时指示灯是否不亮或常亮；工作时指示灯是否能正常闪亮。

4）加电后，倾听硬盘驱动器的运转声音是否正常，不应有异常的声响以及过大的噪音。

4．故障判断的要点

建议在最小系统下进行检查，并判断故障现象是否消失。这样做可排除由于其他驱动器或部件对硬盘访问的影响。

（1）参数与设置的检查

1）硬盘能否被系统正确识别，识别到的硬盘参数是否正确。

2）显示的硬盘容量是否与实际相符、格式化容量是否与实际相符。硬盘的容量根据系统所提供的功能（如“一键恢复”），应比实际容量小很多。

3）检查当前主板的技术规格是否支持所用硬盘的技术规格。

（2）硬盘逻辑结构检查

1）检查硬盘的分区是否正常、分区是否激活、是否格式化、系统文件是否存在或完整。

2）对于不能分区或格式化的硬盘，在无病毒的情况下，应更换硬盘。更换仍无效时，应检查软件最小系统下的硬件部件是否有故障。

注意，必要时进行初始化操作，或完全重新安装操作系统。

（3）系统环境与设置检查

1）注意检查系统中是否存在病毒，特别是引导型病毒。

2）认真检查在操作系统中有无第三方磁盘管理软件在运行。

3）是否开启了不恰当的服务。

（4）硬盘性能检查

1）当加电后，如果硬盘声音异常、根本不工作或工作不正常时，应检查一下电源是否有问题、数据线是否有故障、BIOS设置是否正确等，然后再考虑硬盘本身是否有故障。

2）应使用相应硬盘厂商提供的硬盘检测程序来检查硬盘是否有坏道或其他可能的故障。

5．硬盘故障提示信息

硬盘最常见的故障就是引导型故障，即硬盘不能启动等。出现引导型故障时，系统会有很多错误提示，如果掌握了这些提示，对于解决硬盘问题很有帮助。

（1）Data error（数据错误）

从硬盘上读取的数据存在不可修复错误或磁盘上有坏扇区和坏的文件分配表时，可用软件检测硬盘。

（2）Hard disk configuration error（硬盘配置错误）

硬盘参数设置不正确等。

（3）HDD controller failure 或 Hard disk controller failure（硬盘驱动器控制失败）

这是启动机器时，由 POST 程序（BIOS 中的自动检测程序）向驱动器发出寻道命令后，驱动器在规定时间内没有完成操作而产生的超时错误。出现这种错误，有可能是硬盘已经损坏、硬盘信号线松动、硬盘参数设置不对等情况造成的。

（4）HDC controller fail（硬盘控制器控制失败）

这类故障是硬件故障，POST 程序向控制器发出复位命令后，在规定的时间内没有得到控制器的中断响应，可能是控制器损坏或电缆没接好，另外，控制器控制失败与硬盘参数设置不正确也有关。

（5）No boot device available（无引导设备）

系统找不到引导设备。

（6）No boot sector on hard disk drive（硬盘上无引导扇区）

硬盘上引导扇区丢失，感染病毒或配置参数不正确。

（7）Non-system disk or disk error（非系统盘或磁盘错误）

作为引导盘的磁盘不是系统盘，不含有系统引导程序或者磁盘盘片本身故障。这类故障大多为软件故障，可重新安装操作系统。

（8）Fatal Error Bad Hard Disk（硬盘致命错误）

硬盘或硬盘接口故障。

（9）No Hard Disk Installed（没有安装硬盘）

没有安装硬盘，但是 BIOS 中设置了硬盘。

（10）Invalid Partition Table（无效的分区表）

在找到激活分区后，主引导程序还将判断余下的 3 个表项的“分区引导标志”字节（首字节）是否均为 0，即确认是否只有唯一的激活分区，如果有一个不为 0，系统将报错并死机，这在使用一些第三方分区软件做了几个激活分区后很容易出现。

（11）Reset Failed（硬盘复位失败）

硬盘或硬盘接口的电路故障。

（12）Invalid Drive Specification（无效的驱动器号）

如果一个分区或逻辑驱动器在分区表里的相应表项已不存在，那么对于操作系统来说，该分区或逻辑驱动器也就不存在了，因此这种故障一般出在分区表中。修复这类故障，最简单的方法是事先做好分区表的备份。

（13）显示“Starting Windows...”，然后死机

一般来说，这是由于 CONFIG.SYS 和 AUTOEXC.BAT 中的可执行文件本身已经损坏，使系统在执行到此文件时死机。这个故障非常简单，但因为没有什么故障信息，一般人很容易出现误判。当出现这种现象，并且确信系统文件是完好的，就可以去掉这两个文件，或者在屏幕上出现以上信息时，快速按下〈F8〉键，然后选择单步执行，找出已经损坏的文件。

（14）Bad sector（坏扇区）

硬盘中无法被正常读写的扇区称为 Bad sector。有些 Bad sector 能够通过低级格式化来纠正。

（15）Bad cluster（坏簇）

在对硬盘分区并高级格式化后，每个区都会建立文件分配表（Fill Allocation Table，FAT）。如果在高级格式化或扫描软件中发现某个 cluster 使用的扇区包括用坏扇区，则在 FAT 中记录该 cluster 为 Bad cluster，并在以后存放文件时不再使用该 cluster。每个 cluster 包括若干个扇区，只要其中存在一个坏扇区，则整个 cluster 中的其余扇区都一起不再使用，这个 cluster 被标识为 Bad cluster。

10.6 光驱类故障

光驱类故障是指由光驱（CD-ROM、DVD 等）、光盘和光驱接口引起的故障。

1．故障现象

1）光驱噪音较大、光驱划盘、光驱托盘不能弹出或关闭、光驱读盘能力差等。

2）光驱盘符丢失或被更改、系统检测不到光驱等。

3）访问光驱时死机或报错等。

4）光盘造成光驱不能正常工作。

2．故障可能涉及的部件

光驱、主板上的接口、电源、信号线。

3．故障判断的顺序

（1）检查光驱连接

1）光驱电源是否已正确连接，不应有过松或插不到位的现象。

2）光驱上的跳线是否正确，它应与连接在线缆上的位置匹配。

3）连接光驱的数据线是否接错或接反。

4）光驱连接线是否有破损或硬折痕。可通过更换连接线检查。

5）光驱连接线类型是否与光驱的技术规格要求相符。

（2）检查光驱外观

1）光驱电路板上的元器件是否有变形、变色以及断裂缺损等现象。

2）光驱电源插座之接针是否有虚焊或脱焊现象。

3）加电后，光驱自检时指示灯是否不亮或常亮；工作时指示灯是否能正常闪亮。

4）加电后，要倾听光驱驱动器的运转声音是否正常，不应有异常的声响及过大的噪声。

4．故障判断要点

光驱的检查，应用光驱替换最小系统中的硬盘进行检查判断。且在必要时，移出机箱外检查。检查时，用一张可启动的光盘来启动，以初步检查光驱的故障。如不能正常读取，则在最小系统中检查。最先考察的是光驱。采用类似硬盘驱动器的检查方法。

（1）光驱性能检查

对于读盘能力差的故障，应先考虑防病毒软件的影响，然后用随机光盘进行检测，如故障复现，更换维修，否则根据用户的需要及所见的故障进行相应的处理。

（2）操作系统中配置检查

1）在操作系统下的应用软件能否支持当前所用光驱的技术规格。

2）设备管理器中的设置是否正确。必要时卸载光驱驱动并重启，以便让操作系统重新识别。

10.7 安装类故障

安装类故障是指在安装操作系统或应用软件时出现的故障。

1．故障现象

1）安装操作系统时，在进行文件复制过程中死机或报错；在进行系统配置时死机或报错。

2）安装应用软件时报错、重启、死机等（包括复制和配置过程）。

3）硬件设备安装后系统异常（如黑屏、不启动等）。

4）应用软件卸载后安装不上或卸载不了等。

2. 故障可能涉及的部件

硬盘、光驱、光盘、主板、CPU、内存，以及其他可能的部件、软件等。

3. 判断故障的顺序

（1）检查硬件设备的连接与外观

1）检查与主机连接的其他设备工作是否正常。

2）设备间的连接线是否接错或漏接。连接插头、插座的接针是否有变形、缺失、短路等现象。

3）观察系统是否有异味，测量一下元器件的温度是否正常。

4）CPU 风扇的转速是否过慢或不稳定。

5）光驱、硬盘工作时是否有不正常的声响。

6）检查报错信息，判断可能造成故障的部位。

（2）其他方面检查

1）对照软件的使用手册，确认机器的软、硬件配置是否符合该软件的要求。

2）仔细观察安装是否完好。

4. 故障判断要点

（1）安装操作系统

1）检查 BIOS 中的设置。

2）关闭 BootEasy 功能、关闭防病毒功能及关闭 BIOS 防写开关。

3）注意硬盘的参数、CPU 的温度等。注意观察自检时显示出来的信息是否与实际的硬件配置相符。

4）安装光盘与目标硬盘的检查。

- 检查是否有病毒。
- 检查分区表是否正确、分区是否激活。
- 检查系统中是否有第三方内存驻留程序。
- 检查硬盘是否有一键恢复功能。对于原装微机，一般是采用恢复光盘安装 Windows 7，有些硬盘中已经安装好了一键恢复功能，硬盘中会多出一个隐藏分区，这时如果通过 Windows 的安装盘来安装，则可能无法进行，需要删除分区后，重新分区才能安装。

5）安装过程检查。

以下过程，建议在最小系统下检查（在最小系统下，需要添加与安装有关的其他驱动器）。

- 如果在复制文件时，报 CAB 等文件错，可尝试将原文件复制到另一介质（如硬盘）上再进行安装。如果正常通过，则原安装介质有问题，可检查介质及相应的驱动器是否有故障。若仍然不能复制，应检查相应的光驱、光盘、数据线、内存等部件。
- 如果是采用覆盖安装而出现上述问题，建议更换安装介质，如果仍不能排除故障，应先对硬盘进行初始化操作，再重新安装（初始化操作时，最好将硬盘分区彻底清除后再进行）。如果仍不能解决，再考虑硬件。
- 安装过程中，在检测硬件时出现错误提示、蓝屏或死机等现象，一是多启动几次（应该是关机重启），看能否通过；二是在最小系统下检查是否能通过。如果不能通过，应该依次检查最小系统中的内存、磁盘、CPU（包括风扇）、电源等部件；如果能正常安装，则是最小系统之外的部件的故障或配置问题，这可在安装完成后，逐步添加那些部件，并判断是否有故障或配置不当。

- 硬件及其他应注意的问题。如果安装系统时重启或掉电，可在最小系统下进行测试。如果故障消失，在安装好系统以后，将最小系统之外的设备逐一接上，检查故障是由哪个部件引起的，并用替换法解决；如果故障不能消失，应检查最小系统中的电源、主板和内存，甚至磁盘驱动器。

（2）安装应用软件

1）检查安装应用软件问题时，部分可参考上述的操作系统安装的检查方法。

2）软件间、软硬件间的冲突检查。

- 可采用两种软件问题隔离的方法。一是在软件最小系统下，关闭正在运行的应用程序，然后安装需要的应用软件；二是在原系统下直接关闭正在运行的应用程序，然后安装需要的应用软件。关闭已有应用的方法是使用“msconfig 禁用启动组”、“autoexec.bat”、“config.sys”、“win.ini”、“system.ini”中在启动时调用的程序。
- 使用任务管理器，检查系统中有无不正常的进程，并结束它。
- 利用其他机器（最好是不同配置的），检查是否存在软、硬件方面的兼容问题。
- 检查系统中是否已经安装过该软件，如果已经安装过应先将其卸载后再安装，如果无法正常卸载，可以手动卸载或通过恢复注册表来卸载。
- 必要时，可从网络上查阅相关资料，之后再与软件厂商联系，看是否有其他的注意事项。

3）检查硬件。以上的步骤都不奏效时，可考虑硬件问题，应检查光驱、安装介质、硬盘线等配件。

（3）安装硬件设备

1）冲突检查。

- 所安装的设备、部件是否在系统启动前的自检过程中识别到，或能由操作系统识别（非即插即用设备除外）。如果不能识别，应检查 BIOS 设置及设备本身，包括跳线及相应的插槽或端口。
- 检查新安装的设备与原系统中的设备是否有冲突；通过改变驱动的安装顺序、去除原系统中的相应部件或设备、更换插槽，看故障是否消除。如果不能消除，则为不兼容。

2）驱动程序检查。检查所安装的设备驱动是否为合适的版本（即不一定是最新的）。

3）硬件检查。

- 所安装的部件或设备是否本身就有故障。
- 检查原系统中的部件是否有不良的现象（如插槽损坏、供电能力不足等）。

5. 案例

（1）案例一

问题描述：在安装操作系统或某软件时，报错，无法正常安装。

解决方案：检查 BIOS 发现，系统日期是 1990 年。将日期改为正确日期后，故障排除。

（2）案例二

问题描述：此机不能重装系统，每次重装都死机。

解决方案：打开机箱检查时，发现 CPU 风扇不是原装的，后经多次重试发现每次死机间隔越来越短，怀疑是 CPU 风扇有问题。换一个风扇问题解决。引起故障的原因是 CPU 风扇转速不够，温度过高引起死机。

（3）案例三

问题描述：通过 Ghost 方式安装 Windows 7 时，出现了“invalid switch:bat”的错误提示，导致无法继续安装。

解决方案：首先需要排除下载的 Ghost 镜像是否存在损坏，在确定镜像没有损坏的前提下，再使用分区软件对硬盘分区进行格式化处理，即可正常安装。

10.8 操作与应用类故障

操作与应用类故障是指启动完毕到关机前所发生的应用方面及系统方面的故障。

1. 故障现象

1）系统运行中出现蓝屏、死机、非法操作等故障现象。

2）系统运行速度慢。

3）休眠后无法正常唤醒。

4）运行某应用程序，导致硬件功能失效。

5）某游戏无法正常运行。

6）某应用程序不能正常使用。

2. 故障可能涉及的部件

主板、CPU、内存、电源、硬盘、键盘、接插的板卡等。

3. 判断故障的顺序

环境检查具体如下。

（1）市电及连接检查

1）检查市电是否正常，连接是否牢靠，是否有接地。

2）设备间的连接线是否接错或漏接。

（2）周边及外观检查

1）检查与主机连接的其他外设工作是否正常。

2）硬盘、光驱工作时是否有异响，CPU 风扇的转速是否过慢或不稳定。

3）观察机箱内灰尘是否太多，从而导致各插接件间接触不良。除尘后可用橡皮擦拭“金手指”，去除氧化层或灰尘，然后重新插上。

4）观察系统是否有异味，元器件的温升是否过快。

（3）显示与设置检查

1）详细记录报错信息，判断可能造成故障的部位。

2）注意 BIOS 中对于硬盘、系统时间、CPU 温度的设置，注意在自检时显示的硬件信息和机器配置是否相符。

3）仔细阅读软件的使用指南，注意软件运行的环境要求。

（4）充分与用户沟通

1）了解用户的使用情况。

2）出故障前的现象。

3）做过什么操作才出现目前的故障。

根据以上了解的情况，来初步判断可能的故障原因。

4．故障判断要点

（1）检查是否由于用户误操作引起故障

1）出现死机、蓝屏或无故重启时，首先要考虑到用户的操作是否符合操作规范和要求，要仔细询问、观察用户的操作方法是否符合常理，并用正确的方法操作、应用用户的计算机，查看是否出现用户所报修的故障。若不出现，则可认为是用户操作不当引起的。

2）若经过上述操作故障依然存在，则可用系统文件检查器检查用户的机器系统是否有丢失的 DLL 文件，并尝试恢复。

3）注意观察用户的计算机在死机、蓝屏或无故重启时有没有规律，并找出可能引起计算机故障的原因（如计算机在运行某一程序时或计算机开机一定时间内死机）。

4）通过与另一台软硬件相同且无故障的计算机进行比较，查看故障机的文件大小是否与无故障机相同或相差不大，主程序的版本是否一致。

（2）检查是否由于病毒或防病毒程序引起故障

1）检查用户的计算机是否被病毒感染，若有，则可使用杀毒软件杀毒。

2）检查用户是否安装了两个或两个以上的防毒软件，建议用户只使用其中一个并卸载其他的防毒软件。

3）检查是否有木马程序，用最新版的杀毒程序可以查出。可以通过安装补丁来弥补程序中的安全漏洞，或者安装防火墙。

（3）检查是否由于操作系统问题引起故障

1）检查硬盘是否有足够的剩余空间，并检查临时文件是否太多。若是，则整理硬盘空间，删除不需要的文件。

2）对于系统文件损坏或丢失，可以使用系统文件检查器进行检查和修复。

3）检查操作系统是否安装了合适的系统补丁。

4）检查 DirectX 驱动是否正常。若版本太低，则升级 DirectX 的版本。

5）检查是否正确安装了设备的驱动程序，以及驱动的版本是否合适。检查驱动安装的顺序是否正确（例如，首先安装主板驱动）。

（4）检查是否由软件冲突、兼容引起故障

1）检查用户应用软件的运行环境是否与现有的操作系统相兼容，可通过升级软件版本或安装特殊补丁来解决问题。

2）可用任务管理器观察故障机器的后台是否有不正常的程序在运行，并尝试关闭一些程序，只保留最基本的后台程序。

3）注意查看故障机内是否有共用的 DLL 文件，可通过改变安装顺序或安装目录来解决问题。

（5）检查硬件设置是否不正确

1）检查 BIOS 设置是否正确，若不正确，可恢复默认值。

2）在设备管理器中检查硬件是否正常，中断是否有冲突，如有冲突，则调整系统资源（对于某些硬件，要阅读说明书，按照说明正确设置硬件）。

3）在设备管理器中将硬件驱动删除，重新安装驱动程序（最好安装版本正确的驱动程序），查看硬件驱动是否恢复正常。

4）运行硬件检测程序。

5）在最小系统情况下， 重新更新硬件驱动，观察故障是否消失。

（6）检查是否为兼容问题

1）遇到兼容性问题时，应检查硬件的规格和标准（如同时使用多条内存时，检查内存是否为同一厂家、同一规格、同一容量、同一批次），确定它们是否允许在一起使用。

2）阅读说明书或到网页上查找相关资料，检查用户的硬件在正常使用时所需的软件要求，现在的软件环境是否符合要求，软硬件之间是否相互支持。

3）在设备管理器中检查用户的系统资源是否有冲突，如有冲突，手动调整系统资源。

4）在设备管理器中检查用户机器的硬件的驱动是否安装正确，若不正确，则可更新合适版本的设备驱动。

（7）检查是否由于网络故障引起

1）当机器连接在网络上时，出现死机、运行慢、蓝屏等故障，应首先关闭网络，与网络环境隔离，观察故障是否消失，如故障消失，则为网络问题引起的故障。

2）确定为网络问题引起的故障，其判断与解决步骤参考 10.9 节内容。

（8）检查是否由于硬件性能不佳或损坏引起故障

1）使用相应的硬件检测程序，检查硬件是否有故障，如果有，利用替换法排除相应的硬件。

2）用替换法检查检测程序无法判断的硬件故障。

5．案例

（1）案例一

问题描述：在正常使用过程中，有时出现无原因的重启。

解决方案：启动系统后，不做任何操作，不重启。只有用户操作时才会出现重启现象。观察发现，用户在操作微机时有晃动腿脚的习惯，碰到电源线，而电源插头又没有插紧，插好电源插头，故障排除。（在排除有些故障时，还需要观察用户的操作习惯）。

（2）案例二

问题描述：以前用 IE 上网可以进入淘宝网购物，在安装某防火墙或安全软件后，无法进入淘宝网购物。

解决方案：这是由于安全软件禁止了 IE 中的某些项造成的，而淘宝网需要运行插件和证书。可在 360 安全卫士中执行“高级”选项中的“修复 IE”，把 IE 恢复为默认设置。

10.9 局域网类故障

局域网类故障主要涉及局域网、宽带网等网络环境中的故障。

1．故障现象

1）网卡不工作，指示灯状态不正确。

2）网络连不通或只有几台机器不能上网、能 Ping 通但不能连网、网络传输速度慢。

3）数据传输错误、网络应用出错或死机等。

4）网络工作正常，但某一应用下不能使用网络。

5）只能看见自己或个别计算机。

6）网络时通时不通。

2．故障可能涉及的部件

网卡、交换机（包括HUB、路由器等）、网线、主板、电源。

3．故障判断顺序

（1）检查网线

1）网线线序是否与网络连接的要求匹配。

2）网线的连通性是否正常，要查看网线有无破损或过度扭曲。

3）网线长度是否过长（如5类双绞线长度超过技术规格要求的100m）。

4）网线“水晶头”是否完好、是否氧化。

5）网卡接口是否完好。重新插拔网线检查网线与网卡连接是否松动。

（2）网络设备外观及周边检查

1）网卡是否接插到位，网卡上的“金手指”是否氧化。

2）加电启动后，网卡指示灯是否亮，指示灯的状态是否正常等。

3）交换机等设备的网线接口在与终端或服务器连接后，如果终端或服务器启动及配置正常，其指示灯会亮（注意指示灯颜色是否正常，参考设备说明书），如果指示灯不亮，说明设备有故障。

4）网线或交换机等设备周围是否有干扰。

4．故障判断要点

（1）寻求用户网络管理员的配合

首先应与网络管理员联系，以得到网络管理员合作。

（2）检查网络适配器驱动

检查驱动程序是否正确、合适。网卡设备建议由系统自动识别，并尽可能使用与操作系统匹配和更新过的驱动程序。

（3）检查网络协议

1）检查网络中的协议等项设置是否正确（不管用哪种协议，必须保证网内机器使用的协议一致）。网络中是否有重名的、IP地址相同的计算机。

2）如能ping通网络，但不能在网上邻居中访问其他终端或服务器，可用“ipconfig /all”（在命令行方式）、“netstat”等命令查看具体信息，检查网络属性的设置，如域、工作组等，并进行相应的更改。

3）如果ping不通，可尝试在网络属性中把所有的适配器和协议删除，重启后重新安装。

4）通过执行“tracert <目标IP地址>”命令，检查IP包在哪个网段出错。

5）检查系统中是否存在病毒。

（4）检查硬件

1）检查机器自检完成后，所列的资源清单中网卡是否被列其中（非PNP网卡除外），其所用资源与其他设备有无共享。

2）如网卡工作不正常，可考虑更换其他型号网卡。

（5）对于无线网络，特别要注意的事项

1）检查两台终端间的有效距离是否过大，中间是否有隔离物。

2）对等网络下，所使用的频率通道是否一致。

3）检查网卡和 AP 的密钥是否相符。

10.10 端口与外设类故障

端口与外设类故障主要涉及串并口、USB 端口、键盘、鼠标等设备的故障。

1．故障现象

1）键盘工作不正常。

2）鼠标工作不正常。

3）使用 USB 设备不正常（如 USB 硬盘带不动，不能接多个 USB 设备等）。

4）不能打印或在某种操作系统下不能打印。

5）外围设备工作不正常。

6）串口通信错误（如传输数据报错、丢数据、串口设备识别不到等）。

2．故障可能涉及的部件

装有相应端口的部件（如主板）、电源、连接电缆、BIOS 中的设置。

3．故障判断顺序

（1）连接线外观检查

1）设备数据电缆接口是否与主机连接良好、针脚是否有弯曲、缺失、短接等现象。

2）有些 USB 硬盘，需要使用外接电源或者通过另一个 USB 接口供电。

3）连接端口及相关控制电路是否有变形、变色现象。

（2）外设检查

1）外接设备的电源适配器是否与设备匹配。

2）检查外接设备是否可加电（包括自带电源和从主机信号端口取电）。

3）如果外接设备有自检等功能，可先行检验其是否完好；也可将外接设备接至其他微机检测。

4．故障判断要点

1）尽可能简化系统，把无关的外设先去掉。

2）可先采用替换法检查，确定是不是外设的原因。

3）端口设置检查（BIOS 和操作系统两方面）。

① 检查主板 BIOS 设置是否正确，端口是否打开，工作模式是否正确。

② 通过更新 BIOS、更换不同品牌或不同芯片组主板，测试是否存在兼容问题。

③ 检查系统中相应端口是否有资源冲突。接在端口上的外设驱动是否已安装，其设备属性是否与外接设备相适应。在设置正确的情况下，检测相应的硬件（主板等）。

④ 检查在一些应用软件中是否有不当的设置，导致一些外设在此应用下工作不正常。如在一些应用下，设置了不当的热键组合，使某些键不能正常工作。

4）设备及驱动程序检查。

① 驱动重新安装时优先使用设备驱动自带的卸载程序。

② 对于 USB 设备驱动程序，要在不安装该 USB 硬件前安装，等安装完成驱动程序后，再安装硬件。若顺序反了，可能出现问题。

③ 检查设备软件设置是否与实际使用的端口相对应，如 USB 打印机要设置 USB 端口输出。

④ USB 设备、驱动、应用软件的安装顺序要严格按照使用说明操作。

⑤ 外设的驱动程序，最好使用较新的版本，并可到厂商的网站上升级。

10.11 兼容或配合类故障

兼容或配合类故障主要是由于用户追加第三方软、硬件设备而引起的软、硬件故障。

1. 故障现象

1）加装用户的设备或应用后，系统运行不稳定，如死机或重启等。

2）用户所加装的设备不能正常工作。

2. 故障可能涉及的部件

软件有设备驱动程序、操作系统，硬件有主板、CPU、内存、显卡及新型接口的外设。

3. 故障判断顺序

1）检查添加的内存条是否与原内存条型号相同。不同的型号可能会引起兼容问题，造成运行不稳定、死机等现象。同时也要注意修改 BIOS 中的设置。

2）更新或添加的部件，如 CPU、硬盘等的技术规格是否能与其余的部件兼容。过于新的部件或规格较旧的部件，都会与原有配置不兼容。如较旧的部件不支持电源管理，所以在系统运行时，使用这样的部件就会工作不正常，或是使整个系统也不能正常工作。

4. 故障判断要点

1）开机后，应首先检查新更新的或添加的部件在系统启动前出现的配置列表中能否出现。如果不能，应检查其安装及技术规格。

2）如果造成无反应、运行不稳定或死机等现象，应先去除更新或添加的部件或设备，看系统是否恢复到正常的工作状态，同时还要认真研读新设备、部件的技术手册，了解安装与配置方法。

3）添加的设备如不能正常安装，应查看其技术手册，了解正确的安装方法、技术要求等，并尽可能使用最新版本的驱动程序。如果不能解决，应检查添加设备的质量及原系统的工作情况。

4）检查是否由于 BIOS 的原因造成了兼容性问题，可通过更新 BIOS 来检查（不一定是最新版或更高版本，可以降低版本检查）。

5）查看追加的部件上的跳线设置是否恰当，并进行必要的设置修改。

6）对于较旧的板卡或软件，应注意是否由于速度上的不匹配而引起工作不正常。

7）通过更改系统中的设置或服务，来检查故障是否消失。如电源管理服务、设备参数修改等。

8）检查原有的软硬件是否存在性能不佳的情况，即通过更换硬件或屏蔽原有软件来检查。

10.12 实训习题

1．微机常见的故障可分为哪几类？

2．开机自检时总出现“CMOS checksum error”的提示，此时必须按〈F1〉键，Load BIOS default 才能正常开机。请判断问题并解决。

3．在运行某 3D 游戏时，画面缓慢，请判断问题并解决。

4．IE 主页无法更改，请判断问题并解决。